建筑工程施工要点及质量监督检测研究

主　编　赵冬花

副主编　李红飞　赵志远

黄河水利出版社

·郑州·

内 容 提 要

本书为工程建筑类学术专著。本书分别从地基处理与桩基础工程、土方工程、砌筑工程、钢筋混凝土工程、装饰工程、防水工程、建筑工程质量与项目管理、建筑工程质量检测、建筑工程质量监督等方面详细阐述了工程的施工要点,同时结合《河南省房屋建筑和市政基础设施施工质量监督管理实施办法》,对五方责任主体及检测机构的日常监督重点进行了归纳总结。

本书可以作为施工人员、监理人员及监督人员的业务参考用书。

图书在版编目(CIP)数据

建筑工程施工要点及质量监督检测研究/赵冬花主编. —郑州:黄河水利出版社,2023.7

ISBN 978-7-5509-3665-2

Ⅰ.①建… Ⅱ.①赵… Ⅲ.①建筑工程-工程施工②建筑工程-工程质量监督 Ⅳ.①TU74②TU712.3

中国国家版本馆 CIP 数据核字(2023)第 147539 号

组稿编辑:岳晓娟 电话:0371-66020903 E-mail:2250150882@qq.com

责任编辑 乔韵青　　责任校对 张 倩

封面设计 黄瑞宁　　责任监制 常红昕

出版发行 黄河水利出版社

地址:河南省郑州市顺河路 49 号 邮政编码:450003

网址:www.yrcp.com E-mail:hhslcbs@126.com

发行部电话:0371-66020550

承印单位 河南新华印刷集团有限公司

开　　本 787 mm×1 092 mm 1/16

印　　张 11.25

字　　数 260 千字　　印　　数 1—1 000

版次印次 2023 年 7 月第 1 版　　2023 年 7 月第 1 次印刷

定　　价 69.00 元

《建筑工程施工要点及质量监督检测研究》

编委会

主　　编　赵冬花

副 主 编　李红飞　赵志远

参编人员　智　辉　赵　超　郑　珂　赵浴森

连　闪　任　凯　刘建林　杨子涵

何　苗　李保华　张钰婧　夏英杰

张军令　崔子海　邹如意　崔刘娜

刘丽娜　袁玉文　林开扬

前　言

随着我国经济的发展，城市建设的脚步也在不断地加快，各类建筑不断出现，建筑施工技术和质量控制的好坏，直接决定着整个工程的质量。分部工程是单位工程的组成部分，通常一个单位工程可以按照工程的实体部位划分为若干个分部工程，是建筑工程项目管理中至关重要的部分。当前人们不仅关注建筑工程的使用功能，更加注重建筑的整体质量，所以加强政府监督管理，做好日常监督管理工作是非常有必要的。工程质量检测为施工、监理及监督等提供准确的数据支撑，为全面掌握工程质量提供了保证。

本书共分九章，分别从地基与基础工程、钢筋混凝土工程、砌体工程等方面详细阐述了工程的施工要点，同时结合《河南省房屋建筑和市政基础设施施工质量监督管理实施办法》，对五方责任主体及检测机构的日常监督重点进行了归纳总结。

本书编写人员及编写分工如下：第一章、第二章、第三章、第七章由赵冬花编写；第四章由李红飞编写；第五章、第六章由任凯编写；第八章、第九章由赵志远编写。全书由赵冬花担任主编并负责统稿工作，由李红飞、赵志远担任副主编。

编　者

2023 年 5 月

目 录

第一章　地基处理与桩基础工程

第一节　地基处理及加固

建筑物的地基处理及加固是一项非常重要的施工作业,通过这一施工可以有效地保证建筑物的使用质量。但是,加固技术本身就比较多,不同的方法将直接影响建筑工程的加固质量。

一、对建筑工程进行地基处理的目的与意义

所谓地基,主要是指受到建筑物的荷载影响,处在建筑物基础下面的那部分地层。建筑物在建造的时候,如果没有对天然土层加固就将基础建在其上,我们将这种地基称为天然地基;反之,如果天然地基的强度满足不了建筑物的要求,则建造基础之前应对地基进行一些加固工作,而这种加固的方法就是加固处理,经过处理后的地基就是人工地基。

(一)对建筑工程进行地基处理的目的

对建筑工程进行地基处理的最重要的目的,就是以人工置换、排水、挤密夯实及加筋等多种方法。通过科学手段,对建筑工程本身的地质情况进行改善,具体包括以下几点。

(1)对建筑工程地基的剪切特性进行改善。在建筑工程中,地基所具备的抗剪强度,能够对地基整体的稳定性与剪切破坏产生直接影响。所以,为了尽可能降低地基土所受到的压力,避免地基剪切受到破坏,应通过采取有效的措施,使地基土整体抗剪能力得到提升。

(2)对建筑工程地基的压缩特性进行改善。通过采取一系列有效措施使地基土自身的压缩模量得到提升,有效地降低建筑工程容易出现的地基土沉降情况。同时,还需要采取有效措施,避免因塑性流动情况而导致的剪切变形。

(3)对建筑工程地基的透水特性进行改善。众所周知,地下水对建筑工程实际的地质情况造成直接影响。所以,需要降低来自地下水方面的压力,并把地基土转变为更有优势的不透水层。

(4)对建筑工程地基的动力特性进行改善。地震会导致建筑工程地基中具备松散与饱和特点的粉细沙发生液化,所以需要通过采取一系列有效措施,避免建筑工程中所使用的地基土发生液化现象,并在这个基础上改善地基土的振动特性,使地基土自身的抗震能力得到提升。

(二)对建筑工程进行地基处理的意义

1. 提高地基土的抗剪切强度

在地基的施工中,对地基质量造成影响的最主要因素是剪力破坏,所以在建筑物施工中,要充分考虑剪力破坏所造成的影响,如建筑物的地基承载力不够;偏心荷载及侧向土压力使结构物失稳;填土或建筑物荷载使邻近地基产生隆起;土方开挖时边坡失稳;基坑开挖时坑底隆起。地基土抗剪力强度不够是导致地基剪力破坏的主要原因,所以在施工中要采取相应的措施,增加地基土的抗剪强度,从而减轻剪力破坏的影响。

2. 降低地基土的压缩性

近几年来,建筑物沉降事故频繁发生,引起建筑物沉降的原因是多方面的,主要是地基土的压缩性所引起的,如固结沉降主要是填土或建筑物的荷载所引起的,同时建筑物基础的负摩擦力、基坑开挖和降水等都会导致沉降的发生,一旦地基产生沉降,则会使建筑物的质量受到严重影响,所以在地基施工中要对地基的沉降进行严格控制。

随着城市化进程的加快,城市人口急剧增加,城市用地越加紧张,但建筑行业还存在着刚性的需求,所以近年来建筑物的高度呈不断上升的趋势,高层建筑和超高层建筑不断地崛起,这类建筑自身的高度较高,同时结构较为复杂,但其建筑物自身的重量则需要地基具有较好的承载力,如果地基超过所能承载的负荷,则会发生地基沉降,所以在实际施工中,要采取有效措施不断地提高地基土的压缩模量,从而使地基的沉降降低。

3. 改善地基土的动力特性

动力特性是指地基土在地震时饱和松散粉细砂在震力作用下将会发生液化,或是在振动下会导致邻近的地基下沉,所以在施工中,要针对地基土的动力特性采取相应的措施改变其振动的特性,以防止其发生地基液化,增加地基的抗震性能。

二、对建筑工程进行地基处理基本原理

建筑工程所具备的荷载,在最后都要向地基进行传递,因为建筑工程地上部分所使用的材料有很高的强度。然而建筑工程所使用的地基土自身并没有很高的强度,并且有着较大的压缩性。因此,在这种条件下很容易导致建筑本身出现严重的地基变形。所以,为了使建筑本身的安全性及使用耐久性得到切实的保证,有必要采取加固技术进行地基处理。对地基进行处理,从大的方面,主要包括基础工程措施和对岩土加固两种。在施工时,存在部分工程无法对地基所具备的工程性质进行改变。在这种情况下,只能选择基础工程手段。部分工程要求对地基土与岩石措施在同一时间进行加固,采取这种措施的最主要目的是改善建筑工程本身的性质。如果不用改变建筑工程的地基性质,就可以使用建筑工程施工的地质要求得到满足的地基,称之为天然地基。与之相反,如果对建筑工程的地基进行了加固处理,那就属于人工地基的范畴。对建筑工程的施工形成制约的因素有很多,其中最重要的一点就是建筑规模不断增大。现在对建筑工程的地基进行处理属于土木工程领域内的一个重点问题,因此选择一种不但可以使建筑工程施工的需要得到满足,还能够有效降低建筑工程的投资成本对地基进行处理的方法与技术,对于建筑工程具有非常重要的现实意义。

三、建筑工程中的地基处理方法

（一）排水固结法

当建筑工程处于软黏土地基上时，可以采用排水固结法进行地基的处理，利用这种方法可以有效地排除土壤中空隙里的水分，从而使土壤逐渐固结，使土壤的沉降量大大降低，荷载能力大大提升。通常来讲，排水固结法主要是利用排水和加压两个系统来进行的，一般可以分为堆载预压法、沙井堆载预压法、真空预压法等。所谓堆载预压法，就是在进行施工前，在需要处理的地基上，利用一些荷载或堆土的方法来对地基进行荷载预压，通过这种方法来使地基的承载力增强，并减少日后的建筑物沉降现象。此外，为了使地基承载能力进一步加强和减少预压过程的时间，在施工过程中，常常会在地基中打入沙井，然后再进行相应的堆载预压操作，这种预压方法也就是我们常说的沙井堆载预压法。真空预压法就是在需要加固的软基中插入竖向排水通道（砂井、袋装砂井或塑料排水板等），然后在地面铺设一层砂垫层，再在其上覆盖一层不透气的薄膜。在膜下抽真空形成负压（相对大气压而言），负压沿竖向排水通道向下传递土体与竖向排水通道的不等压状态又使负压向土体中传递，在负压作用下，孔隙水逐渐渗流到竖向排水通道中而达到土体排水固结、强度增强的效果。

（二）换填法

当建筑物基础下的持力层比较软弱、不能满足上部结构荷载对地基的要求时，常采用换土垫层来处理软弱地基。即将基础下一定范围内的土层挖去，然后回填以强度较大的砂、碎石或灰土等，并夯实至密实。换填垫层法是先将基础底面以下一定范围内的软弱土层挖去，然后回填强度较高、压缩性较低，并且没有侵蚀性的材料，如中粗砂、碎石或卵石、灰土、素土、石屑、矿渣等，再分层夯实后作为地基的持力层。其作用在于能提高地基的承载力，并通过垫层的应力扩散作用，减少垫层下天然土层所承受的附加压力，减少基础的沉降量。

实践证明，这种方法对于解决荷载较大的中小型建筑物的地基问题是比较有效的。换填垫层按其回填的材料可分为灰土垫层、砂垫层、碎（砂）石垫层等。

（1）灰土垫层。灰土垫层是将基础底面下一定范围内的软弱土层挖去，用按一定体积比配合的石灰和黏性土拌和均匀后在最优含水量情况下分层回填夯实或压实而成。灰土垫层适用于地下水位较低、基槽经常处于较干燥状态下的一般黏性土地基的加固。该垫层具有一定的强度、水稳定性和抗渗性，施工工艺简单，取材容易，费用较低，适用于处理1~4 m厚的软弱土层、湿陷性黄土、杂填土等，还可用作结构的辅助防渗层。

（2）砂垫层和碎（砂）石垫层。砂垫层和碎（砂）石垫层是将基础下面一定厚度的软弱土层挖除，然后用强度较大的砂或碎石等回填，并经分层夯实至密实，作为地基的持力层。该垫层具有施工工艺简单、工期短、造价低等优点，适用于处理透水性强的软弱黏性土地基，但不宜用于湿陷性黄土地基和不透水的熟性土地基的加固，以免引起地基大量下沉，降低其承载力。

（三）加筋法

所谓加筋法，就是指在土壤的软弱土层中设置树根桩、砂桩或者人工填土的路堤，也可以是在挡墙的内部设置土工聚合物来进行加筋，从而在地基土壤中形成一种人为的复合土体层，进而使地基能够承受更大的拉力、压力以及剪切力，实现地基土体的工程性质得到根本的改变。这里所说的土工聚合物主要是指各种人工合成的纤维材料，比如丙纶、尼龙、维纶等，利用这些纤维材料制造的全新的建筑材料或构件。当前主要的土工聚合物有土工织物、土工膜等。这种地基处理方法可用于在堤坝软土地基处理时制作挡土墙等多种情况。

（四）深层搅拌法

深层搅拌法的主要原理就是采用水泥浆、石材等材料作为固化剂，然后利用建筑工程中特殊的深层搅拌机器，将地基深处的软土层与配置的固化剂进行充分、完全的搅拌，搅拌过后，固化剂会与软土之间产生一系列的化学物理反应，进而使得原本的软弱土固结为一个坚硬的整体结构。通过这样的方法可以使地基的承载力大大提高。通常这种方法可以在淤泥、粉土、饱和黄土、素填土等地基的处理中采用，如果在处理泥炭土或地下水具有腐蚀性的地基时，需要进行相关的试验来确定其是否适用于该地基。此外，人们往往称深层搅拌法为湿法。

（五）粉体喷射法

粉体喷射法的主要施工原理是：采用生石灰或水泥等粉状的建筑材料作为固化剂，并利用特定的深层搅拌机械对地基深层的软土与固化剂进行充分的搅拌，固化剂和软土之间进行一系列的物理化学反应，最终得到一种较为坚硬的搅拌土体，实现地基的加固和处理目的。这种方法与深层搅拌法有着很大的相似性，适用范围也较为相近，但是这种方法在一些水分含量较低的黏性土体中的使用效果不是很好。与深层搅拌法相比也存在着明显的不同，这种方法可以吸收地基土体中的水分，而且吸水效果较为明显，通常被应用在一些低层的建筑中，高层建筑使用前，需要通过相关的实验验证。粉体喷射法是一种常见的水泥土搅拌法，人们往往称之为干法。

（六）浆液灌注加固法

所谓浆液灌注加固法，主要是指利用气压、液压或电化学原理，将那些可以起到固化作用的浆液灌注到土体的孔隙中去，从而使地基土体变得更加牢固和拥有较高的承载能力。这种方法所使用的浆液主要有水泥浆液和化学浆液两种，其中所使用的水泥浆液应是强度等级为32.5 MPa以上的水泥，这种浆液中往往含有水泥颗粒，所以很难进入那些孔隙较小的土体中，它主要被应用在一些碎石或延时裂缝的加固上。而化学浆液通常以水玻璃作为主要浆液，然后配合使用水泥浆液或氯化钙，也可以单纯使用水玻璃这一种浆液，这种形式称之为单液法，而添加其他溶液的则称之为双液法。通常来讲，双液法大多被用在中砂、粗砂、碎石等土体的加固上，它主要是利用两种浆液在土体中进行化学反应，从而生成硅酸胶凝体，使土体形成一种坚实的胶结结构，这种方法的凝固速度非常快，而且形成后的胶状结构非常坚固，能够有效地提升土体的抗压能力。利用浆液灌注的方法来处理软土地基，从技术角度来讲是可以实现的，可以有效地提升工程的施工质量和地基承载力。这种方法还可以对采取的灌浆方法和浆液种类进行调整，从而可以适应多种地基处理环境。

(七)强夯法

强夯即用起重机械将重锤(一般 8~30 t)吊起从高处(一般 6~30 m)自由落下,对地基反复进行强力夯实的地基处理方法。强夯法属高能量夯基,是用巨大的冲击能,使土中出现冲击波和很大的冲击应力,从地面夯击点发出的纵波和横波可以传至土层深处,迫使土体中孔裂压缩,土体局部液化,夯击点周围产生裂隙,形成良好的排水通道,孔隙水和空气迅速排出,土体得以固结,从而使浅层和深层得到不同程度的加固,提高了地基的承载力并降低了其压缩性。

强夯法适用于处理碎土石、砂土、低饱和度的黏性土、粉土、湿陷性黄土及填土地基等的深层加固。它具有效果好、速度快、节省材料、施工简便,但施工时噪声和振动大等特点。地基经强夯加固后,承载能力提高 2~5 倍,压缩性可降低 2~10 倍,其影响深度可达 6~10 m。这种施工方法具有施工简单、速度快、节省材料、效果好等特点,是我国目前最为常用和最经济的深层地基处理方法之一。

(八)振冲法

振冲法是振动水冲击法的简称,是以起重机吊起振冲器,启动潜水电机带动偏心块使振冲器产生高频振动,同时开启水泵,通过喷嘴喷射高压水流在土中形成振冲孔,并在振动冲水过程中分批填以砂石骨料,借振冲器水平及垂直振动,振密填料,形成的砂石桩体与原地基构成复合地基,以提高地基的承载力和改善土体的排水降压通道,并对可能发生液化的砂土产生预振效应,防止液化,减少地基的沉降和沉降差。

按不同土类可分为振冲置换法和振冲密实法两类。振冲法在黏性土中主要起振冲置换作用,置换后填料形成的桩体与土组成复合地基;在砂土中主要起振动挤密和振动液化作用。振冲法的处理深度可达 10 m 左右。

采用振冲桩加固地基可节省钢材、水泥和木材,且施工简单,加固期短,可因地制宜,就地取材,用碎石、卵石和砂、矿渣等填料,费用低廉,是一种快速、经济、有效的加固方法。振冲桩适用于加固松散的砂土地基;对黏性土和人工填土地基,经试验证明加固有效时,方可使用;对于粗砂土地基,可利用振冲器的振动和水冲过程使砂土结构重新排列挤密,而不必另加砂石填料(亦称振冲挤密法)。

四、深层的地基处理方法

(一)深层搅拌法

深层搅拌法主要用在河道、湖泊附近的地基中,比较适用于土质比较软、有淤泥的地方。通过采用石灰来形成一种固化剂,搅拌机需要对深层的土质进行搅拌,将这两种土质相互混合在一起,能够更好地对地基进行加固,从而更大程度地提高地基的承载力和强度。

(二)振冲法

振冲法又称振动水冲法,是以起重机吊起振冲器,启动潜水电机带动偏心块,使振动器产生高频振动,同时启动水泵,通过喷嘴喷射高压水流,在边振边冲的共同作用下,将振动器沉到土中的预定深度,经清孔后,从地面向孔内逐段填入碎石,使其在振动作用下被挤密实,达到要求的密实度后即可提升振动器,如此反复直至地面,在地基中形成一个大直径的密实桩体与原地基构成复合地基,从而提高地基承载力,减少沉降。振冲法是一种快速、经济有效的加固方法。振冲法根据加固机理和效果可分为振冲置换法和振冲密实法。振入碎石或卵石等材料制成桩体,桩体和原来的黏性土构成复合地基,从而提高地基承载力,减小压缩性。碎石桩的承载力和压缩量在很大程度上取决于周围软土对碎石桩的约束作用。如周围的土过于软弱,对碎石桩的约束作用就差。振冲置换法适用于不排水抗剪强度不小于 20 kPa 的黏性土、粉土、饱和黄土和人工填土地基。对不排水剪切强度小于 20 kPa 的地基,应慎重对待。振冲密实法的原理是依靠振冲器的强力振动使饱和砂层发生液化,砂粒重新排列,孔隙减少,使砂层挤压加密。振冲密实法适用于黏土含量小于 10%的粗砂、中砂地基。

(三)砂桩和石桩法

通过振动器振动形成的桩,在成孔的时候需要放入一些砂石和卵石,来形成比较大的石桩或砂桩,而这种桩体是软土和砂石混合在一起的,适合比较软的地基土质,对土质也起到了很好的土层挤密效果,也能够提升地质中的承载力,而这种地基处理方法对土质地基的适用性起到决定性的作用。

(四)水泥土挤密桩法

应用机械的成孔原理,通过现有的这些材料进行相应的搅拌,在反应完之后就可以将这些水泥放入成孔中,再结合夯实的地基处理方法,从而形成比较结实的水泥桩,并且将附近的土层联系在一起形成复合型地基,从而提高地基的承载力。

(五)水泥粉煤灰碎石桩法

水泥粉煤灰碎石桩法改变了原来传统模式中的地基处理方法,可以对碎石桩的方法进行不断的完善,将石屑、水泥、粉煤灰混合在一起,通过加水搅拌来形成比较大的水泥粉煤灰混合桩。但是这种水泥粉煤灰碎石桩法,适用于地基土层是粉状土、砂性土、黏性土,如果在有淤泥的地基土质中使用,就会有很大的不确定性,所以利用这种方法时需要结合地基中的土壤。

五、地基加固原理和方法

(一)地基加固原理

建筑工程中主要通过将软土质经过各种加固方法处理、压实,降低土质层中的含水量。在处理、加固地基时,应当结合地基的处理、建筑物设计、结构、施工环节等各方面,制定有效、简便的地基加固处理措施,控制施工工程的周期、施工速度及成本投入,确保地基加固处理达到预期的施工效果。

(二)地基加固方法

1. 排水固结法

1)排水固结法的主要类型

排水固结法主要包括真空预压法、降水预压法、堆载预压法及电渗排水法。

2)排水固结法的适用范围及加固原理

排水固结法适用于厚度较大的饱和软土与冲填土地基,确保预压的负荷及足够的时间,通过设置直排水井,进行抽气、抽水、加压、电渗等方式,调节地基的排水能力以及固结性，提高地基土的承载力及强度。在稳定地基土的同时，提前完成地基的沉降。

2. 砂桩加固法

1）砂桩加固法的原理

砂桩地基的加固原理是通过使用沉管灌注桩，在软弱地基中通过冲击与振动形成孔，再将砂挤压入土中，便于提高砂桩的密实度，以此来加固地基。砂桩地基加固法适用于软黏土地基，将砂桩与桩间的黏性土形成复合地基，在提高地基的密实度、固结度及承载力的同时，降低地基中的孔隙比，从而避免建筑物沉降。

2）砂桩地基的适用范围

黏性土大部分属于蜂窝结构，渗透系数过小，砂桩在饱和黏性土中的挤密加固性能较差，因此砂桩并不适用于饱和软填土地基。换言之，砂桩适用于挤密、加固松散沙土、杂填土、素填土等地基，在地基中起挤密、加固作用，从而提高地基的抗震动液化能力。

3. 水泥搅拌桩加固法

1）水泥搅拌桩加固法的原理

水泥搅拌桩地基的加固原理是通过使用水泥、石灰等固化剂对地基进行深层搅拌，包括使用深层搅拌机器对软土及固化剂进行搅拌，从而改变原地基土质层的结构及性能。

2）水泥搅拌桩的适用范围

水泥搅拌桩主要适用于深厚淤泥、淤泥质土、粉土、超软土以及含水量高、地基承载力低的黏性土地基，尤其是大面积堆料的厂房地基以及地下防渗墙等工程项目。

3）水泥搅拌桩地基的特点

水泥搅拌桩主要是通过将软土与石灰等固化剂搅拌发生物理反应与化学反应，从而改变软土的结构与性能。此种地基加固法不仅无污染、无噪声，而且无侧向挤压，减小了施工过程对邻近建筑物的影响。另外，水泥搅拌桩地基的施工周期较短，而且有利于降低企业的成本投入，提高企业的盈利率，使得企业的经济效益最大化。

综上所述，建筑工程的质量直接影响着人们的生活和工作，为了确保人们的生命财产安全，必须保障工程质量。地基是建筑工程的基础，其质量直接影响着建筑工程的正常使用，因此建设单位必须对地基进行合理的处理及加固，确保地基的承载性和稳定性满足建筑工程的要求，提高建筑工程的整体质量。

第二节　桩基础工程

建筑行业需要进一步加强相关领域的技术研究与实践。就当前国内建筑市场发展态势来说，虽然大部分施工企业在建筑桩基础土建施工技术领域，经过多年的工程实践已经积累了一定程度的经验与技术研究成果，但是建筑桩基础土建施工技术水平依旧难以满足建筑行业发展要求，所以要求建筑行业在新时期要进一步完善有关建筑桩基础土建施工技术的理论，对以往建筑桩基础土建施工技术成功经验进行总结。

一、建筑桩基础土建施工技术简述

建筑桩基础是基于基桩与桩顶部承台而形成的一种建筑基础工程形式，根据桩端中支撑情况可以将其分为高承台桩与低承台桩，现代建筑产品基础工程在设计阶段要基于工程地质条件来合理选择基础形式。高承台桩基是指桩身上半部分与底部都处于同一个位面上，而灌注桩与预制桩这两种桩基础形式就是典型的高承台桩基，施工单位一般通过就地钻孔灌注施工的方式，来使混凝土与钢筋笼形成建筑工程所需要的基础工程形式；低承台桩基在工程实践中的桩身大多处于地下，承台与土壤相接触来作为整个建筑物的支撑结构，其施工工艺的特殊性决定了施工单位需要采用静压法、水冲法及振动法，将桩身完全打入地下后才能确保桩基工程的整体性能可以满足建筑物设计要求。如果建筑物在暴雨、地震等一些不良环境灾害中，则会因受到外力作用而发生受力变形或倒塌等事件，而建筑桩基础工程的建设目的在于提高建筑物的受力性能，进一步提高建筑物在使用阶段的整体安全性、稳定性，所以要求建筑企业在建筑工程项目具体实施阶段对桩基础土建施工技术进行控制，确保建筑桩基础的整体施工质量可以满足相关规范要求及设计标准要求。

二、建筑桩基础施工技术的选择原则

建筑桩基础施工技术的选择原则主要体现在以下几方面：①基础荷载量的有效控制。施工前，估算建筑上层部分给予基础的荷载大小以设计出对应的桩，因为基础荷载量是影响单桩承载力的主要因素。②根据土层条件选择。由于建筑工程场地的实时地质条件，比如地下水位情况、桩端持力层深度、土壤成分等，会对桩的实际功能产生影响，故可依据各种桩结构的技术指标和参数，选择适合的桩基础类型。③对周边环境的影响。建筑工程的基桩操作对环境的影响主要是泥浆护壁的钻孔桩的实施，因此需要充分考虑泥水、沙石的有效处理。④机械化设备的使用。对施工单位可用的桩基础设备进行评估，如果不能满足现有项目的需要，可就近调用，实在不行，那就得考虑选购新机械。

三、建筑桩基础工程常用的施工技术

（一）振动沉桩施工技术

振动沉桩施工技术主要是通过电动机的振动产生的巨大垂直力作用于地基，使地基土层达到密实状态。由于振动时间较长，且振动效果好，因此对地基土体的作用效果也很理想。在施工中首先要在桩顶安装固定的振动器，通过振动器的振动，在桩自身重力与振动效果的共同作用下，将桩沉入地基土层，从而带动土层受迫振动，产生收缩和位移，这个过程就是利用了振动沉桩施工技术。

（二）钻孔灌注桩施工技术

钻孔灌注桩是先成孔后成桩，通过桩体方向移动土体从而对桩产生动态压力，采取适合的桩距以防止坍孔和缩径。成孔的垂直精度是验证灌注桩能否顺利实施的主要指标，可利用扩大桩机的支撑面积使桩机稳固，定期核实钻架和钻杆的垂直度等，以保证其精度，成孔后必须及时拆掉钢筋前作井径、井斜超声波测试等设备。控制护筒中心与桩位中心线偏差不超过 50 mm，并检查回填土是否密实，以避免漏浆。同时，为精确把握钻孔深度，可在桩架固定后实时记录底梁和桩具之间的长度，根据钻杆在钻机上的多余长度来确定成孔的实际操作深度。

(三)人工挖孔桩施工技术

人工挖孔桩施工技术主要依靠人完成,其特点主要有成本低、质量好,并且制作流程简单,不会对周围的施工环境及生态环境造成影响。因此,在土建工程中人工挖孔桩施工技术是一种环保、经济的技术。在施工过程中,首先应该对已挖桩底进行扩孔,孔的大小根据水流量进行控制,在透水层应该注意适当布置环状钢筋圈,然后回填混凝土,混凝土施工后,应按照设计的直径进行开挖穿过透水层。对于桩孔护壁混凝土,应该保证每挖一节立即浇筑混凝土,然后振捣密实。

(四)静力压桩施工技术

静力压桩施工技术是利用静力压桩机,以压桩机的自重及桩架上的配重对预制桩作反力,将其压入土中的一种沉桩工艺。由于静压桩是挤土桩,在压桩的过程中极易破坏土层,产生超空隙水压力。因此,在采用静力压桩施工技术时,不宜中途停顿,应持续进行。该技术不仅具有无振动、工艺简单、无冲击力、质量可靠、造价低廉、无噪声、检测方便等优点,同时还能节约混凝土和钢筋,降低建筑工程成本,因此非常适用于高压缩性黏土层或砂性较轻的软黏土层区的建筑。

四、建筑工程中桩基础的施工要点

桩基础施工方法可分为预制桩和灌注桩两大类。预制桩用锤击、静压、振动或水冲沉入等方法打桩入土。灌注桩则就地成孔,而后在钻孔中放置钢筋笼,灌注混凝土成桩。根据成孔的方法,又可分为钻孔、挖孔、冲孔及沉管成孔等方法。工程中一般根据土层情况、周边环境状况及上部荷载等确定桩型与施工方法。

(一)桩基础施工前的准备工作

施工前应做好现场踏勘工作,做好技术准备与资源准备工作,以保证打桩施工的顺利进行。桩基础施工前的准备工作包括以下几个方面:①施工现场及周边环境的踏勘。在施工前,应对桩基施工的现场进行全面踏勘,以便为编制施工方案提供必要的资料,也为机械选择、成桩工艺的确定及成桩质量控制提供依据。②技术准备。其主要内容包括如下几个方面:一是施工方案的编制。施工前应编制施工方案,明确成桩机械、成桩方法、施工顺序、邻近建筑物或地下管线的保护措施等。二是施工进度计划。根据工程总进度计划确定桩基施工计划,该计划应包括进度计划、劳动力需求计划及材料、设备需求计划。三是进行(设计)试桩。为确定合理的施工参数,在施工前应进行(设计)试桩,由此确定施工参数。

(二)现场准备工作

现场准备工作包括:对于预制桩,不论是锤击、静压或是振动打桩法,打桩机械自重均较大,在场地平整时还应考虑铺设一定厚度的碎石,以提高与打桩机械直接接触的地基表面的承载力,防止打桩作业时桩机产生不均匀沉降而影响打桩的垂直度。一般履带式打桩机要求地基承载力为 100~130 kPa。如铺设碎石仍不能满足要求,则可采用铺设走道板的方法,以减小对地基土的压力。对于灌注桩应根据不同成孔方法做好场地平整工作。如采用人工挖孔方法,则在场地平整时需考虑挖孔后的运土道路;如采用钻孔灌注桩,则应考虑泥浆槽及排水沟。近年来,在大城市实行了钻孔灌注桩硬地施工法,即在灌注桩施工区先做混凝土硬地，同时布置好泥浆池、槽及排水沟等，然后在桩位处钻孔成桩。该法使泥浆有序排放，做到了文明施工，同时也大大提高了施工效率。在沉管灌注桩施工时，场地平整的要求与预制打入桩类似，由于其沉管时亦需用锤击或振动法，桩机对地基土的承载力也有较高的要求。

（三）现场放线定位

桩基础施工现场轴线应经复核确认，施工现场轴线控制点不应受桩基施工影响，以便桩基施工作业时复核桩位。

（1）定桩位。定桩位时，必须按照施工方格网实地定出控制线，再根据设计的桩位图，将桩逐一编号，依桩号所对应的轴线、尺寸施放桩位，并设置样桩，以供桩机就位定位。定出的桩位必须再经一次复核，以防定位差错。

（2）水准点。桩基施工的标高控制，应遵照设计要求进行，每根桩的桩顶、桩端均须做标高记录，为此，施工区附近应设置不受沉桩影响的水准点，一般要求不少于2个。该水准点应在整个施工过程中予以保护，不使其受损坏。桩基施工中的水准点，可利用建筑高程控制网的水准基点，也可另行设置。

五、桩基施工关键技术

（一）测量定位

施工现场完成"三通一平"之后，应当按照图纸对桩位轴线方格网及高程基准点进行测定，借此来确定桩位中心，并打上木桩做好标记。桩位定好之后，应由相关人员进行检验，确认合格后方可开挖。

（二）桩孔开挖

在开挖桩孔的过程中，土层和砂卵石可以使用短镐和锄头等工具，如果遇到质地比较坚硬的岩层，则可采用风镐进行掘进。孔内的弃土可以使用吊桶进行装载，并以电动绞架进行提升，每个桩孔每天的平均挖深深度可控制在1.0 m左右。同时，为减少流沙现象的发生，对沙层进行掘进时，应保证水位降至桩底标高以下。如果孔内出现大量渗水，则应先在孔内挖设一个深度较大的集水井，并用潜水泵将地下水从孔内排出，边挖边加深集水井的深度。

（三）护壁

当第一节的挖深深度达到0.5 m左右时，应及时浇筑钢混护筒，再向下挖深1.0 m后，安装护壁钢模板，并浇筑混凝土护壁。在施工过程中，应当按照桩孔的中心点对模板进行校正，以此来确保混凝土护壁的厚度、桩孔尺寸与垂直度。同时，依据设计要求配置护壁钢筋，并浇筑混凝土，上下护壁之间的搭接长度控制在50 mm，并用钢筋插实，这样可以保证护壁混凝土的密实度。混凝土的强度达到75%以后，便可将模板拆除，拆模后，应及时对不合格的部分进行修整。施工时应对如下事项加以注意：孔口位置处的第一节混凝土护壁应当比地面高出20 cm，并确保孔口周边无杂物；从孔内挖出的弃土，应当倒运至距离孔口1.5 m以外的位置处；孔口周围应设置临时护栏，高度不低于1.2 m，所有非施工人员不得进入孔口周边的作业区域；在施工间歇时，必须将孔口用临时盖板封闭起来，以免人员坠落引发安全事故。

（四）钢筋笼下放

钢筋笼采用分段的方法进行加工制作，接头部位采用焊接的方式进行连接，并严格依据国家现行规范标准的要求进行操作；加劲箍筋应当设置在主筋的外侧，如果施工工艺有特殊要求，也可设置在主筋的内侧；制作钢筋笼前，需要先对钢筋进行试验检测，确认合格后，用电焊机以双面焊的形式进行焊接，搭接长度为 5 d，应确保焊缝表面完整，与母材之间应当圆滑过渡，焊缝宽度应当超出坡口 2～3 mm，主筋的焊接必须在同一条中心线上进行，在同一个断面内，焊接点的数量最多不得超过 50%；制作好的钢筋笼应当在检验合格后方可下放，体量较大的钢筋笼可以采用吊车下放，小的钢筋笼则可使用扒杆下放；在钢筋笼进行搬运和吊装的过程中，应当采取有效的防护措施避免钢筋笼变形，下放时应当对准孔位，缓慢起吊，缓慢下放，以免触碰到孔壁，钢筋笼就位之后，应进行检查，看钢筋笼的中心是否与桩孔中心重合，确认合格后应及时进行固定。

（五）灌注混凝土

在灌注混凝土前，应当对桩孔的质量进行检查，确认合格后方可施工，并将成孔时没有清理干净的沉渣从孔底清除，随后将孔底的地下水抽干，避免影响成桩质量；准备好相关的施工机具，并确保混凝土泵车的行进路线畅通，同时对渗水量进行测定，如果涌水量小于 0.3 L/s，可以采用常规的方法进行浇筑，若是涌水量大于 0.3 L/s，且桩孔内的积水超过 1.0 m，则应采用水下灌注混凝土的方法进行施工作业；如某工程中，采用的商品混凝土，强度等级为 C30，灌注前，需要进行坍落度试验，确认坍落度在 12～14 方可使用；灌注时，用泵车将混凝土输送至孔内，通过软管导入孔底，每层混凝土的灌注高度均应控制在 1.0 m 以内，分层振捣密实，直至桩顶。对混凝土进行振捣时，采用加长的振捣棒，每 50 cm 振捣一遍，避免过振或漏振。桩顶混凝土应当超灌 50 cm，在初凝前，进行抹压整平，以免出现早期裂缝；桩芯混凝土必须一次性完成浇筑，并按照桩顶标高在护壁上画出控制线，每根桩基均应做一组试件，以备查验之用。

（六）成品保护

挖好的桩孔应当使用盖板盖好，避免杂物或人员坠落，同时应由专人负责对挖好的桩孔进行质检验收，及时下放钢筋笼，并灌注混凝土，缩短施工工序的间隔时间，避免引起塌方；孔口应当高于地面 20 cm，以免地表水倒灌；加工制作好的钢筋笼应当妥善堆放，避免扭曲、变形，同时应防止钢筋笼被泥土污染；灌注混凝土时，钢筋在顶部应牢靠固定，防止钢筋笼上浮；桩身混凝土浇筑完毕后，应对桩位及桩顶标高进行复核，确认无误后，可以采用塑料覆盖的方式进行养护，避免混凝土开裂；施工中，应当对现场内的轴线桩和水准点进行妥善保护。

六、桩基础工程施工中常见的质量问题

（一）沉桩没有达到最终的设计要求

桩基础工程中沉桩没达到设计要求的原因有以下两点：

（1）勘探点不够或者勘探资料不够详细，没有明确工程施工区域的地质情况，尤其是持力层的起伏标高，造成设计考虑持力层和选择桩端标高偏差。

（2）勘探工作是以点带面，不能通过局部的硬夹层软夹层透镜体了解全部，尤其是工

程地质条件复杂,出现地下障碍物像大块孤石或者混凝土块等。打桩施工遇到这种情况,就很难达到设计要求的施工控制标准。以新近代砂层为持力层时,由于新近代砂层结构不稳定,同一层土的承载力差异很大,桩打入该层时,进入持力层较深才能求出贯入度。而群桩施工时,特别是柱基群桩,由于布桩过密或打桩顺序安排不合理,砂层越挤越密,导致出现沉不下去的现象。

(二)单桩承载力不符合设计要求以及桩基倾斜的问题

桩基础工程中单桩承载力低于设计要求的原因为:桩沉入深度不足;桩端未进入设计规定的持力层,但桩深已达设计值;最终贯入度过大;其他,诸如桩倾斜过大、断裂等导致单桩承载力下降;勘查报告所提供的地层剖面、地基承载力等有关数据域实际情况不符。桩基倾斜过大常见原因为:预制桩质量差,其中桩顶面倾斜和桩尖位置不正或变形,最易造成桩倾斜;桩基安装不正,桩架与地面不垂直;桩锤、桩帽、桩身的中心线不重合,产生锤击偏心;桩端遇石子或坚硬的障碍物;桩距过小,打桩顺序不当而产生强烈的挤土效应等。

(三)桩位偏差以及标高误差超出允许范围的问题

桩基础工程中桩位偏差以及标高误差超出允许范围的问题也比较常见,并且处理这些问题不仅加大成本,延误工期,还会留下隐患,因此需要严格控制桩位偏差问题,如超出允许范围,即为施工质量不符合标准要求。必须统一桩基施工质量验收标准,认真审核桩基施工图,发现问题,及时修正。其中最主要看承台边缘尺寸是否适合,桩顶标高是否准确,标高易高不易低,一般来说,钢筋混凝土沉桩标高应高出混凝土垫层面200~250 mm。重视破桩方法,规范破桩要求。全破桩和四角凿开不符合实际施工要求。不合理的桩基处理为:桩位超偏,及时签发通知单,督促施工单位通过设计确定方案,一般是局部加大承台截面。桩顶标高超偏处理,正偏差可通过增加高度解决;负偏差一般将桩顶四周混凝土垫层局部加深,形成管箩底,以满足桩顶嵌入承台长度。

七、桩基础工程施工中常见质量问题的预防措施

(一)严格审核施工设计的图纸

桩基础工程施工前,要严格审核设计人员设计的施工图纸,到现场进行实地勘察,研究地势、地形,根据实际的自然条件制定出科学、合理的施工图纸,确保图纸的可行性。在实际施工中,要经常对比实际的施工情况与设计图纸之间的差距。明确桩的间距是否合理,承台边缘的尺寸是否合理,对于出现偏差的位置要严格处理,如果在施工时遇到特殊情况,要变更设计图纸,要找该施工图的设计人员进行变更,以便保证后续施工的顺利进行。

(二)加强对桩基础工程施工的质量管理

要保证桩基础工程施工的质量问题,首先就要加强管理,对施工中所需的各种材料、设备、机器等进行严格的质量检查和管理,明确施工的技术和流程,制订科学、合理的施工方案,全面考察桩基础工程施工的地理位置,明确其地理环境和条件,并制定好有针对性的措施,在施工时严格按照设计方案进行,对于出现的问题要及时解决,避免给后续施工造成影响。在施工时,要加强监督管理,检查桩基础工程施工的每一个步骤,确保每一步都符合设计标准,没有质量隐患。

(三)提高施工人员的素质

桩基础工程施工过程中的许多操作都是由人工来完成的,所以提高施工人员的素质是十分必要的。要对施工人员进行岗前培训,使他们明确施工的流程和技术,在实际操作时减少失误。特别是锤击桩是由单个机器和人来完成的,所以要努力提高操作者的水平,使其具备较强的专业技术能力,并且具有高度的责任感,在施工时,能够认真、负责任地进行,确保捶击桩工作的顺利进行,保证建筑工程地基工作的有效进行,使整个建筑的质量得以保证。

(四)严格验收桩基础工程

桩基础工程施工后,要严格按照质量标准进行验收,以确保工程的质量。建筑施工单位要派专业的技术检验人员到施工现场对桩基础工程进行质量检验,及时发现存在的质量问题和隐患,并进行整改,确保整个建筑的地基质量牢靠,为后续的建筑打下坚实的基础。对桩基础进行验收时,要进行全方位的检验,获得真实可靠的数据和信息,以指导后续的工作。在对桩基础进行检验时,要对它的承载力、桩身完整性进行检测,保证桩的质量,在整个建设结束后,不会因桩基础的问题而出现建筑物下沉、倾斜等质量问题。

(五)应用合理的方法处理桩基础工程的质量问题

桩基础工程是整个建筑施工的基础和保障,所以一旦发现桩基础工程施工存在问题,就要第一时间向上级反映,并及时解决。常见的处理桩基础问题的方法有以下几种:首先是补沉法,若桩进入土的深度不够,或者出现桩上升的情况都可以使用这种方法。其次是补桩法,这种方法需要花费大量的费用,但是操作起来简单方便,主要在一个桩的承受力不够,或者桩出现断裂时使用。最后是扩大承台法,如果桩的位置偏差比较大,或者由于桩基础的质量不高,为了避免下沉,提高抗震能力,就要使用这种方法。不同的桩基础问题要采取不同的方法解决,使桩基础的质量得以保证。

总之,随着城市化建设的快速推进,科技的进步,各类高技术、高质量要求的建筑日趋增多,桩基础施工也变得日趋重要。对桩基础施工技术进行研究,需要不断地实践和学习新技术,从而推动我国建筑业的健康快速发展,促进我国经济的可持续增长。

第三节　CFG桩复合地基施工

当前高黏结强度桩(简称CFG桩)已成为地基处理中应用较为普遍的技术之一,CFG桩复合地基施工技术的运用是地基质量控制最关键的一环,在施工过程中要注重提高人员操作水平、加强现场管理和施工过程控制以及对成品桩的保护,确保CFG桩施工质量满足工程质量要求。CFG桩复合地基充分利用原天然地基的承载能力,充分发挥桩间土的作用,且CFG桩本身不配筋,其综合造价较低,同等条件下一般CFG桩复合地基的综合造价仅为灌注桩的50%~70%,施工时由于没有钢筋笼制作等工序,缩短工期,特别是利用长螺旋成孔泵送混凝土法施工,成孔成桩一次完成,更加快了施工速度。

一、概述

CFG桩复合地基是由水泥、粉煤灰、碎石、石屑和砂,加水拌和形成的高黏结强度桩,桩、桩间土和褥垫层共同作用构成的。该加固技术采用粉煤灰代替部分水泥，消耗工业废料的同时也降低了成本，而且桩体强度高，处理后的复合地基承载力可大幅提高，且减少地基变形。目前，CFG 桩成套技术已作为住房和城乡建设部“建筑业 10 项新技术”大力推广应用。

CFG 桩加固地基的机理主要表现在桩体置换和桩间土挤密两方面。

（1）桩体置换作用。水泥经水解和水化反应以及与粉煤灰的凝结反应后生成稳定的结晶化合物，这些化合物填充了碎石和石屑的空隙，将这些骨料黏结在一起，因而提高了桩体的抗剪强度和变形模量，使 CFG 桩起到了桩体的作用，承担大部分上部荷载。

（2）桩间土挤密作用。CFG 桩在处理砂性土、粉土和塑性指数较低的黏性土地基时，采用振动沉管等排土、挤密施工工艺，提高了桩间土的强度，并通过提高桩侧法向应力增加了桩体侧壁摩阻力，提高了单桩承载力，从而提高复合地基承载力。

通过对 CFG 桩复合地基的受力原理分析我们可以看出，因为在 CFG 桩与承台之间通常会设置 10~30 cm 厚的褥垫层，因此该复合地基由 CFG 桩和土层来共同承担上部结构传来的荷载，然而由于桩土的应力比非常大，因此其竖向荷载由 CFG 桩承担的比重就比较大。同时褥垫层造成了 CFG 桩与承台的分离，导致了绝大部分的水平荷载都被承台四周的土层以及承台底的桩间土所承担，并且由于通常 CFG 桩复合地基的置换率也比较低，因此其水平荷载由 CFG 桩基承担的比重就很小。简言之，CFG 桩其实就是以承担上部结构的竖向荷载为主的。经过一系列的工程实践结果以及模拟实验数据可知，如果褥垫层在 CFG 桩复合地基中的厚度超过 10 cm，那么 CFG 桩体发生水平折断的概率就很低，这就意味着 CFG 桩在该复合地基中不会失去工作能力。不难看出，在复合地基中，CFG 最突出的作用就是肩负上部结构传送过来的竖向承载力。因此，CFG 桩复合地基的处理方法在取土成孔夯扩作用下是完全能够得到保证的。

二、CFG 桩的应用特点

（一）CFG 具有高黏结性

CFG 桩作为高黏结强度桩，其主要构成材料包括水泥、粉煤灰、碎石、石屑，CFG 桩与桩间土和褥垫层共同形成复合地基，这种地基沉降小，具有较好的稳定性。利用 CFG 桩进行地基处理时，需要合理配比原料，确保 CFG 桩的强度，以此来提高地基的质量。

（二）CFG 桩造价经济

由于 CFG 桩桩体采用粉煤灰作为掺和料，而且不配筋，因此能够有效地降低工程造价。在施工中采用 CFG 桩时，操作简便，相较于其他桩基，其造价较低，可以有效地提高工程的经济性。

（三）CFG 桩的适用范围广

CFG 桩可以应用于条形基础、独立基础和箱形基础，适用范围十分广泛，而且在填土、饱和及非饱和黏性土中都具有较好的适用性。作为复合地基的代表，CFG 桩在当前高层和超高层建筑施工中应用十分广泛。CFG 桩复合地基通过褥垫层与基础连接，桩间土始终参与工作，而且桩承受的荷载向深土层进行传递，能够有效地降低桩间土承担的荷载，有利于进一步提高复合地基承载力，实现对其变形的有效控制。

三、CFG 桩复合地基的施工技术分析

(一)地基加固方案选择确定

地基处理方法的选择是由建筑物的基础形式、尺寸、深度、天然下卧土的物理力学性质、地下水及要求加固后的承载力提高值和变形量控制等因素决定的。结合工程实际情况,根据工程基础埋深、地质情况,经对多种加固方案的经济、技术及工期对比,确定采用高强度小直径 CFG 桩复合地基。

(二)施工准备

1. 机械的选用

桩机选用,需选择功率较大的(至少在 90 kW),保证下钻能力,需优先选择履带式打桩机,保证雨期施工地泵需优先考虑采用柴油机的,降低施工用电,保证桩机使用临水临电,1 台桩机需考虑 200 kW 最大施工用电,地泵需考虑冲水洗泵。

2. 材料准备

所需材料应进行检测,选定合格的原材料产地或供应方后,可进行混合料的配合比试验。

3. 技术准备

施工技术人员熟悉图纸,现场勘察,了解场地及周围情况,编写施工组织设计,测设控制点,并对施工人员进行培训,对班组进行施工前技术交底。

(三)测量放线

场地平整后,根据业主提供的控制点,结合设计施工图纸给定的尺寸进行放样。

(1)测定各轴线控制点:依据主控制点,用全站仪和钢尺,运用导线控制法进行测定。

(2)测定桩位点:按照复验合格后的各轴线控制点进行桩位放样,具体放样时采用双控法,保证桩位定位误差不大于 10 mm。

(3)桩位放完后,及时报监理复核,绘制测量放线单,交监理签证。

(四)桩定位放样

CFG 桩施工前应将场地开挖至-5.60 m 处,并且应当压实、平整。依据施工平面图、规划控制点复核测量基线、水准点及桩位、CFG 桩的轴线定位点、轴线控制点埋设标志。控制建筑物总体尺寸的轴线引出木桩用混凝土固定 80 cm 深。对桩位先用圆钢钎打孔深度不小于 300 mm,孔中灌入石灰粉末,后插入竹签作为桩定位标志。主轴线控制网允许偏差小于 20 mm,桩位偏差不得大于 60 mm。

(五)试桩

CFG 桩试桩施工,进行成桩工艺试验,以复核地质资料以及设备、工艺,施工顺序是否适宜,确定混合料配合比、坍落度、混凝土搅拌时间、拔管速度、每延米混合料用量等各项工艺参数,通过对试桩试件 28 d 抗压强度平均值、复合地基承载力、单桩竖向承载力的检测,如达到设计要求,并将试桩总结报监理单位确认后,方可进行 CFG 桩施工。

(六)钻进成孔

钻机就位及调试完毕后,即可进行正式钻进。启动主电动机,以Ⅰ、Ⅱ、Ⅲ三挡逐级加速的顺序进行钻进。在钻进过程中应严格控制钻机的垂直度。钻进的深度应根据设计桩

长(桩底标高)进行确定,当桩尖到达钻孔深度位置时,在动力钻头底面停留位置处于钻机塔身相应位置作醒目标记,作为施工时控制桩长的依据。

(七)泵送混凝土成桩

为确保混凝土的质量,本工程CFG桩采用C20商品混凝土,其坍落度控制在18~20 cm,以确保混凝土具有良好的流动性。当成孔至设计标高后,开始泵送混凝土,当钻杆芯管充满混凝土后,方可开始提钻,严禁先提管后泵料,其钻具提升速度应达到相同时间内的泵送混凝土量略大于钻具提升量,一般宜控制在2~3.5 m/min,以防缩径。成桩过程应连续进行,应避免后台供料不足、停机待料现象。钻具提升距孔口0.5 m时,停止泵送混凝土。

(八)清桩间土、凿桩头和褥垫层铺设

CFG桩施工完毕2 d后,人工将桩身保护桩头挖出;采用小型的专用挖掘机清运弃土,挖掘机进入处理范围后禁止在打桩工作面行走,挖掘机不得一次性开挖至设计标高,预留10 cm由人工进行清槽;测出桩顶标高位置,在同一水平面按同一角度对称放置2个或4个钢钎,用大锤同时击打,将桩头截断;桩头截断后,用钢钎、手锤将桩顶从四周向中间修平至桩顶设计标高;褥垫层材料选用碎石,粒径8~20 mm,虚铺22 cm后,用平板振动器压密至20 cm,保证夯填度不大于0.9。

四、CFG桩体常见缺陷防治措施

(一)堵管

一是在应用长螺旋钻孔和管内泵压混合料灌注成桩的施工工艺流程中最常见的问题就是堵管,引起堵管问题的原因有很多,既有人为因素,又有水文地质条件等客观原因。施工地点本身就蕴含丰富的地下水,当钻头的出料口没有被密封好时,就会有大量的地下水在钻头不断钻进地面的过程中进入钻杆内腔,之后当混凝土在压灌作用下从钻杆顶部被冲压到钻杆底部的时候就会与进入钻杆内腔的水相遇,导致混凝土出现离析现象,其中所含的石子、砂、水泥浆都相互分离开来,最终堵在出料口处,即产生堵管问题。在钻头向地面钻进的过程中,钻头上其中一个或两个起到封堵作用的叶片被磨掉,导致有水进入钻杆,出现与上面一样的堵管问题。

防治措施:当发生第一个原因造成的堵管问题时,要将钻杆及时提出,对钻头和钻杆进行相应的清理。若要避免此类情况发生,防患于未然,就要在下钻之前就做好钻头出料口的密封处理。若是发生第二个原因引起的堵管,同样要将钻头立即提出,或是对封堵叶片进行补焊处理,或是把备用的新钻头换上去。若要避免此类情况发生,应在开钻之前就认真仔细地检查一遍钻头,将封堵叶片焊接牢固。

二是混凝土在输送管道内滞留时间过久,开始出现初凝现象,导致堵管。当机械设备出现故障问题时,维修时间太久导致混凝土在输送管道内停留太多长时间,产生初凝现象。受地质环境或钻头、钻机功率选取不合适的影响,钻机从一个钻孔转移到下一个钻孔所用时间过长,致使输送管内的混凝土出现初凝现象。

防治措施:一边修理机械设备,一边在短时间内迅速将还未完全凝固的混凝土清除掉,要及时将输送管道内的混凝土做彻底清除处理。若要避免此类情况发生,就需要在开

工之前对施工工地的地质情况进行详细勘察,有全面的了解和掌握,事前就及时把障碍物清除干净,同时选用合适的钻头和钻机功率。

三是混合料的配合比不合理。当细骨粉、粉煤灰的含量在混合料中所占比重较小时,容易使混合料的和易性变差,进而出现堵管问题。

防止措施:在配比混合料时注意粉煤灰或细骨粉的用量,同时要将坍落度掌握在160~200 mm范围内。

(二)串孔

底层松软或桩与桩之间的距离设计过近以及泵压采取不当等都会引起串孔问题。处理办法为:当桩间距设计距离较近时,可采用隔排跳打或跳打的方式打桩,等到上一个桩混凝土凝固到一定程度后再进行第二次补打;当泵压选取过大时,混凝土会在被冲压进孔内时对孔壁产生较大的挤压作用力,致使孔壁坍塌,此时应根据地质、地层的实际情况调整泵压或调换合适的设备;当钻的提升速度与泵量不相匹配时,应根据混凝土输送泵型号选取与之匹配的提升速度,并保证所选定的提钻速度在规范要求范围内。

(三)缩径

当单个桩体灌注的混凝土小于设计要求的投放量时,若钻头大小适宜,则可断定此桩出现缩径问题。当此类问题已经发生时,要及时找出原因,并在混凝土还未出现初凝现象或完全凝固之前再次下钻,重新进行灌注,保证混凝土的实际灌注量大于设计的投放量。当提升速度过快引起缩径问题时,要根据泵量对速度进行相应调整;当产生原因是输送压力不够时,应及时检查输送泵压力,将其调整到适宜压力。

(四)桩身混凝土空心、不饱满

桩身混凝土空心、不饱满主要是施工过程中,排气阀不能正常工作所致。钻机钻孔时,管内充满空气,泵送混凝土时,排气阀将空气排出。若排气阀堵塞,管内空气不能正常排出,就会导致桩体存气,形成空心。为避免桩头空心,施工中应经常检查排气阀的工作状态,发现堵塞及时清洗。

(五)桩长不足

为避免和防止施工队伍操作人员对标识弄虚作假,开钻前施工技术人员应对标尺、刻画进行复核,消除标识误差,应使用反光贴条在每米处进行标识,粘贴在钻杆导向架上,利于夜间旁站记录人员识别读数。

五、CFG桩复合地基施工中应注意的几点问题

(一)桩下土层是否应该进行钎探

钎探是利用天然土层作为房屋基础,在基础施工前必做的一项工作,意在探明先开挖的基础标高处的土层是否符合勘察报告,是否有异常情况,根据锤击数判定该土层的承载力是否符合设计要求。那么在CFG桩施工前是否应该对基层土进行钎探呢?大部分人认为这已经是桩基础了,对土的要求不高,所以就不用进行钎探了。但因为CFG桩复合地基是利用桩、桩间土和褥垫层共同作用构成的,从这点出发对基础土层进行钎探是应该的。比如,各栋号基础底标高处的土层的承载力情况不同,个别栋号设计时不考虑桩间土的承载力,有的部分或局部承载力为零。设计人员在计算桩间距时,首先要计算CFG桩

复合地基面积置换率 m 值，m 值的计算要用到桩间土的承载力的特征值 F_{ak}。其取值来源于地基勘察部门的勘察报告，各工程具体情况不同，F_{ak} 的取值也不同。设计人员在计算时为了施工的便捷，各栋号或者说单栋号内不出现多种桩间距，就没有分栋号进行计算而是统一取最小值。那么在这种情况下是不用进行钎探的。目前，地基处理部分的设计一般由专业单位设计或者桩基施工单位完成，与结构设计往往不是一家，就会出现施工时的一些问题。所以，即使是由其他单位进行设计结构，设计单位仍有必要对一些参数进行限定或明确，如桩间土承载力特征值。

（二）搅拌混合料

要根据规定好的混合料配合比进行，混合料的搅拌时间和坍落度要根据工艺性试验后的参数来进行确定和调整，但均不得少于 1 min。搅拌的混合材料要确保其混合料圆柱体能够顺利地通过柔性管、刚性管、变径管与弯管而进入钻机机芯之内。

（三）褥垫层的作用和厚度要求

1. 保证桩、桩间土共同作用

若基础下面不设褥垫层，基础直接与桩和土接触，在垂直荷载作用下承载特性和桩基差不多，在给定荷载作用下，桩承受较多的荷载，随着时间的增加，桩发生一定的沉降，荷载逐渐向土体转移，桩承受的荷载随时间的增加而逐渐减少。

2. 可有效调整桩、土应力比

由于 CFG 桩的桩身模量远大于桩间土，一般桩土应力比较大，但通过垫层的作用，可有效减小桩土应力比，这一特性使 CFG 桩具有较大的灵活性，相关试验表明，随着垫层厚度的增大，桩、土应力比减小，最后趋于一定值。

3. 改善桩体受力状态

由于 CFG 桩复合地基中桩体一般不配构造钢筋，所以它抵抗水平荷载的能力比一般加筋刚性桩要低许多，当设计了褥垫层，桩体本身与基础之间就没有了连接，基础水平荷载作用力则由基础土抗力、侧面摩擦力计及底系数摩擦力来平衡，使得基础水平荷载传到桩上减少，水平位移减小，水平荷载主要由桩间土承担。褥垫层厚度越大，桩顶水平位移越小，即桩顶承受的水平荷载越小，大量工程实践和国内外试验表明，褥垫层厚度不小于 10 cm。

4. 改善基础底板的受力状态

由于 CFG 桩属于半刚性桩，当不设计褥垫层时，桩对基础的应力集中很明显，这时就需考虑桩对基础的冲切破坏，因而在进行基础设计时就需考虑对基础进行抗冲切强度验算，必须增加基础的厚度和配筋，势必增加造价。

5. 调整地基变形

褥垫层厚度的调节可以影响桩土荷载的分担，根据这一原理，在 CFG 桩复合地基的应用中，可以通过调整褥垫层的厚度来消除地基的不均匀性，使地基达到协调变形。因此，在施工过程中要严格控制褥垫层的厚度，所用材料尤其是碎石的级配应合理，不得使用卵石，含泥量不得过大，分层铺筑时密度均匀，密实度应达到设计要求。严禁将桩头埋入褥垫层内，严禁出现橡皮土。在质量控制时，也必须作为一个重点来控制，厚度必须符合设计要求。

总之,随着 CFG 桩复合地基技术的不断发展,其应用前景十分广阔。在实际施工过程中,应具体问题具体分析,依据工程的不同特点来制订相对应的施工方案,这样才能确保 CFG 桩复合地基的处理效果。

第二章 土方工程

第一节 土方工程概述

随着时代和经济的快速发展,对已投入施工中的建筑工程项目,为了最大程度地保证施工质量,施工单位需要对每一施工环节严加管控。土方工程是建筑工程项目施工中的关键一环,其施工质量对整体质量及结构稳定性有着较大的影响,为此施工单位需要对土方工程施工过程投入更多的精力和时间。

一、土方工程的特性

土壤的容重是指单位体积内天然状况下的土壤重量,单位为 kg/m^3。土壤容重的大小直接影响着施工的难易程度,容重越大,土壤越难挖掘。土方施工中的土壤可分为松土、半坚土、坚土等,因此在土方施工中施工技术和定额要根据具体的土壤分类来制定。土壤的自然倾斜角是由土壤自然堆积,经沉落稳定后的表面与地平面所形成的夹角。在设计中,为了工程稳定,其边坡坡度数值应参考相应土壤的自然倾斜角,而土壤的自然倾斜角受其所含水量的影响。

二、建筑工程土方施工工艺

(一)建筑工程土方施工工艺分析

1. 土方开挖施工

在土方开挖之前,需要对施工场地和永久施工便道进行硬化处理,保证场地干燥,及时将场地内的积水排除。通过设置排水沟、截水沟和边沟等多种方式来将地面水排出。在边坡开挖作业时,形成边坡工作面后要使挖机退到第二个工作面进行施工,然后对第一个工作面进行挂网喷射混凝土、做明沟及浇筑混凝土等作业。当基坑形成一定工作面后,需要开挖桩间土和承台土,并由人工配合进行清底作业。

2. 土壁支护技术要点

在土方施工过程中,需要做好土壁支护施工工作。相较于土方开挖,挡土支护施工相对复杂。通常由专业施工队进行挡土支护作业。由于在实际施工过程中,土方施工单位为了赶工期,开挖顺序较为混乱,使挡土支护施工所需要工作面较小,无法进行正确操作。加之在机械对边坡开挖过程中,边坡表面平整度和垂直度不规则,人工修复不到位,没有严格检查验收即开始初喷作业,这就导致挡土支护后出现超挖和欠挖的问题。而且基坑挖土极易造成支护受力和变形,因此在施工前,需要做好图纸交底工作,设计合理的工序来减少支护变形的发生。

在当前土壁支护施工过程中,通常会采用闭合拱圈挡土和连拱式基坑支护,充分利用拱的作用以减少土对桩所造成的侧向压力,而且利用拱圈受压,可以更好地发挥出混凝土的受压特性。在具体施工过程中,还可以采用桩墙合一地下室逆作法,即将基坑支护桩与地下室墙有效地结合为一体,以地下室梁板作为支护,从地下室顶向下进行施工,这样可以有效地节约投资,但在地下水位无法降低的地区,还需要做防水帷幕。近年来在建筑工程土壁支护施工中还经常应用到喷锚支护法和锚钉墙法,完全抛弃了传统的支护方法,充分利用基坑边壁土体固有力学强度,变上体荷载为支护结构体系的一部分。

3. 施工排水的技术要点

在开挖基坑或沟槽时,往往会破坏原有地下水文状态,可能出现大量地下水渗入基坑的情况。施工排水主要是集水井降水和轻型井点降水。集水井降水是根据地下水量、基坑平面形状及水泵能力确定。井壁可用竹、木等简易加固。集水井底应比排水沟底低 0.5 m 以上。井点降水是在基坑开挖前,预先在基坑周围埋设一定数量的滤水管(井),利用真空原理,通过抽水泵不断抽出地下水,使地下水位降低到坑底以下。井点降水可防止边坡由于受地下水流的冲刷而引起的塌方;可使坑底的土层消除地下水位差引起的压力,防止了坑底土的上移;没有水压,减少了支护结构的水平荷载;没有地下水的渗流,也可消除流沙现象;降低地下水位后,土体固结,还能使土层密实,增加地基土的承载能力。

4. 流沙防治技术要点

水在土体内流动还会造成流沙现象。如果动水压力过大,则在土中可能发生流沙现象。解决办法是在枯水期施工,因地下水位低,坑内外水位差小,动水压力减小,从而可预防和减轻流沙现象;人工降低地下水位即截住水流,不让地下水流入基坑,可防止流沙和土壁塌方;将板桩沿基坑周围打入不透水层,可起到截住水流的作用;或者打入坑底面一定深度,这样将地下水引至坑底以下流入基坑,不仅增加了渗流长度,而且改变了动水压力的方向,从而达到减小动水压力的目的;如在施工过程中发生局部的或轻微的流沙现象,可组织人力分段抢挖,挖至标高后,立即铺设芦席并抛大石块,增加土的压力,以平衡动水压力,在未产生流沙现象前,将基础分段施工完毕。

(二)建筑工程土方施工中注意事项

1. 雨期施工

土方施工受周围环境影响较大,特别是在雨期施工时会对土方施工质量和施工进度带来较大的影响。因此,在实际施工时,通常会避开雨期。但在一些特殊情况下,无法避开雨期进行土方施工时,需要采取有效的预防措施,在施工现场设置必要的排水设施,时刻关注天气情况,并提前做好防雨的各项准备工作,确保雨期土方工程能够保质、保量、按期完成。

2. 填方土出现橡皮土现象

在土方回填过程中,当出现橡皮土现象时,会给土方施工质量带来较大的影响。因此,在实际工作中,要严格管控填土原料的质量。一旦出现橡皮土情况,要采用砂石进行填补,以保证施工的质量。

3. 回填土达不到密实度的设计要求

在填土工程施工过程中,需要严格控制回填土的质量,并对回填土的密实度进行检验,确保符合工程施工设计的要求。

三、土方工程施工安全操作方法

(1)施工前,应该对施工区域内存在的各种障碍物进行清理,拆除或搬迁,处理妥善以保证施工安全。

(2)大型土方和开挖较深的基坑工程,施工前需认真考察整个施工区域和施工场地内的工程地质及水文资料、邻近建筑物或构筑物的质量和分布状况、挖土和弃土要求、施工环境及气候条件等,编制专项施工组织方案,制定有针对性的安全技术措施,严禁盲目施工。

(3)山区施工,需先了解当地地形地貌、地质构造、地层岩性、水文地质等;在陡峻山坡脚下施工,需先检查山坡坡面情况,妥善处理如崩塌体、古滑坡体等不稳定迹象。

(4)施工机械进入施工现场所经过的道路、桥梁、卸车设备等,需先做好检查和必要的加宽、加固工作,并在开工前开辟适当的工作面,以确保施工场地内机械的顺利运行和安全施工。

(5)土方开挖之前,应与有关单位对附近的既有建筑物、构筑物、道路和管线等进行检查、鉴定,对可能受开挖和降水影响的邻近建筑物、管线,应制定相应的安全技术措施,并且在土方的整个施工期间,加强监测其沉降和位移、开裂等情况,发现问题应与设计或建设单位协商采取防护措施,并及时处理。当相邻基坑深浅不一样时,通常应按先深后浅的顺序施工,否则应分析后施工的深坑对先施工的浅坑可能产生的危害,并且采取必要的保护措施。

(6)基坑开挖工程应验算边坡或基坑的稳定度,并且考虑由土体内应力场变化和淤泥土的塑形流动而造成周围土体向基坑开挖的方向位移,使基坑邻近建筑物等产生相应的位移和下沉。验算的时候应考虑地面堆载、地表积水和邻近建筑物的影响等不利因素,从而决定是否需要支护,来选择合理的支护方式。在基坑开挖期间应该加强监测。

(7)在饱和黏性土、粉土的施工现场不得边打桩边开挖基坑,应等桩全部打完并且停留一段时间以后再开始挖,以免影响边坡或基坑的稳定性,同时应防止开挖基坑可能引起的基坑内外的桩产生过大位移、倾斜、断裂。

(8)基坑开挖之后应及时修筑基础,不得长期暴露在外。基础施工结束,应抓紧基坑的回填事宜。回填基坑时,必须提前清理基坑中不满足回填要求的杂物。在相对的两侧或四周同时均匀进行,分层处理。

(9)当基坑开挖深度不超过 9 m,但地质条件和外界周围环境比较复杂,或开挖深度大于 9 m 时,在施工过程中应该加强监测,施工方案必须由单位的总工程师审定,报企业上一级主管领导批准。

(10)基坑深度大于 14 m 或地下室 3 层及其以上,地质条件和周围特别复杂及对工程影响重大时,有关设计和施工方案,施工单位要协同建设单位组织评审后,报市建设行政主管部门备案。

(11)夜间施工时,应该合理部署施工项目,避免挖方超挖或铺填超厚。施工现场应该按照需要安装照明设施,在危险地段应设置红灯警示。

(12)土方工程、基坑工程在施工过程中,如发现有文物、古迹遗址或化石等,应立即保护现场和报请有关部门处理。

(13)挖方之前首先要对周围环境认真检查,杜绝在危险岩石或建筑物下面作业。

(14)人工开挖时,两人操作应该保持在2~3 m的距离,并自上而下挖掘,禁止采用掏洞的挖掘操作方法。

(15)上下坑沟时应该先挖好阶梯或装设木梯,不应踩踏土壁及支撑上下。

(16)用挖土机开挖时,挖土机的操作范围内,不得进行其他工作,多台机械施工时,挖土机间距超过10 m,从上而下开挖,逐层进行,禁止先挖坡脚的危险作业。

(17)基坑开挖应严格要求放坡,操作时应该随时注意边坡的稳定,如发现有裂纹或部分坍落现象,需及时进行支撑或改缓放坡,并注意支撑的稳固和边坡的变化。

(18)机械挖土,多台挖土机同时开挖时,应该验算边坡的稳定,按照规定和验算的结果来确定挖土机与边坡之间的安全距离。

(19)深的基坑四周设防护栏杆,人员上下需有专用爬梯。

四、土方工程的质量标准

(1)柱基、基坑和管沟基底的土质,必须符合设计要求,并严禁扰动。

(2)填方的基底处理,必须符合设计要求和施工规范要求。

(3)填方柱基、基坑、基槽、管沟回填的土料必须符合设计和施工规范要求。

(4)填方柱基、管沟的回填,必须按规定分层密实。

(5)土方工程的允许偏差和质量检验标准应符合相关规定。

五、土方工程施工技术

土方工程施工,要求标高及断面准确,且土体具有足够的强度和稳定性,尽量做到开挖土方量少、工期短、费用低等。但由于土方工程施工面广、劳动繁重、施工条件复杂,则在施工之前,应先了解土壤种类和工程性质,土方工程施工工期及其施工条件,调查施工地区地形、地质、水文等资料,以便研究编制实际可行的施工组织设计,拟订较合理的施工方案。同时为了减轻繁重的劳动力,提高生产率,加快施工进程,降低工程成本,在组织土方工程施工时,应该尽可能采用先进的施工工艺和施工组织,以便实现土方工程综合机械化。

六、土方开挖的计算方法

土方工程开挖作业在实际的实施过程,还需考虑其使用土壤的土方面积和其他的切角数值的影响,因而为了确保整个土方开挖作业的正常进行和最终的施工质量,就需要对其土方体积进行一定的计算和确定。因为在我国大多数的土方开挖作业中,无论哪一种土质类型和区域特征,在实际的工程实施中往往会遭遇到不同形状的地形,比如棱台和锥体等。对此,为了确保整个土方开挖作业的准确性,就需要使用一些土方体积的计算方法对土方体积进行一定的数值确定。目前来说,我国当下所使用的土方体积计算方法大致有断面法和方格网法两种。

（一）断面法

这种方法是我国目前土方开挖施工技术当中所常用的一种土方体积计算方法，这种方法主要是依靠一组等距或者不等距的相互平行的截面进行计算，从而将地块、山、溪涧和池以及岛等不同地形单位和沟渠、河堤、路堑以及路槽等相应截成段，分别对这些段进行计算，最终将各个段的体积数值进行累加，从而得到所需要计算对象的总共土方数值。而断面法的计算公式主要有$V=(S_1+S_2)L/2$，若$S_1=S_2$，则$V=SL$。但是这种断面法的计算最终数值往往取决于截取断面的数量，数量多时，其最终的数值则较为精准；反之，则有偏差。一般来说，断面法依据断面的方向不同，可以大致分为水平断面法、垂直断面法和成角断面法三种。

（二）方格网法

方格网法是将场地划分为边长10～40 m的正方形方格网，通常以20 m居多。再将场地设计标高和自然地面标高分别标注在方格角上，场地设计标高与自然地面标高的差值即为各角点的施工高度（挖或填），习惯以“+”号表示填方，“-”表示挖方。将施工高度标注于角点上，然后分别计算每一方格的填挖土方量，并算出场地边坡的土方量。将挖方区（或填方区）所有方格计算的土方量和边坡土方量汇总，即得场地挖方量和填方量的总土方量。方格网法简便直观，操作方便，因此该方法在实际工作中应用非常广泛。

七、建筑土方工程施工管理常见问题

建筑土方工程施工环境较为复杂，施工难度较大，为了更好地保证施工质量，施工单位需要对实际施工过程进行全方位的管控，从而减小施工中出现问题的概率，在提高施工质量的同时可以为施工人员的生命安全提供更多的保障。

（一）建筑土方工程施工管理常见问题分析

现阶段，多数施工单位对建筑土方工程施工管理工作引起了足够的重视，但是因为自身经济条件或者其他方面因素的影响在实际施工管理过程中仍然存在一些问题。以下对几个常见问题进行分析：其一，管理队伍的整体水平参差不齐，一些管理人员在专业技术及管理经验上有所欠缺，在实际管理过程中会出现一些人为失误的情况，无法更好地落实管理任务；其二，施工管理机制缺乏合理性和完整性，不能对管理人员实际工作进行约束和规范，敷衍了事的情况时有发生，导致施工管理效果明显降低，无法及时、准确地发现施工过程中存在的问题，后期出现返工的概率较大；其三，对安全管理工作未产生足够的重视，不能为施工人员准备齐全的安全设施，在施工过程中不能定期进行安全检查，导致安全事件出现的概率增加，严重时会危及施工人员的生命安全。上述种种问题导致建筑土方工程施工管理工作流于形式，无法实现全面管控的目标，无法保证工程项目的施工质量和施工进度。

（二）建筑土方工程施工管理内容分析

第一，对场地平整过程进行分析。场地平整是建筑土方工程施工的首要环节，整理效果对后期能否正常进行施工有一定的影响，为此施工单位需要对场地平整工作足够重视。在场地平整前施工人员需要对施工图纸及施工方案进行了解，之后根据相关要求进行施工，在实际施工过程中施工人员需要将施工场地中的垃圾及杂物等进行彻底清除，保证场地的整洁性和平整性,进而为后续施工过程提供便利条件。

第二,对排水施工过程进行分析。在建筑土方施工过程中难免会遇到降雨天气,为了避免过多的雨水滞留在施工场地中,施工单位需要做好排水工作。通常情况下施工单位会通过设置出水口和排水沟等解决雨水滞留问题,在使用上述两种方法前施工人员需要对施工现场的地形地貌、水文地质条件以及是否存在已埋管道进行勘察,在勘察完成后结合施工图纸合理设置出水口及排水沟,从而及时将施工场地中的积水排出,将其对实际施工带来的不利影响降至最低。除此之外,为了减少地下水位对施工的影响,施工单位需要采取降水措施,根据实际情况对真空井点、喷射井点以及管井深入含水层等方式进行选择,之后使用抽水泵或者其他装置将地下水抽出,使地下水位低于基坑深度即可,从而保证建筑土方工程施工过程顺利进行。

第三,对土方开挖过程进行分析。在土方开挖前施工单位需要派专业人员做好施工现场勘察工作,对施工现场地质情况及周围环境条件等进行掌握,如果在施工区域内存在光缆或者已埋管道,施工单位需要及时同相关单位交涉,在其同意后方可开始施工。在实际开挖过程中需要做好以下几方面工作:

其一,在正式施工开始前施工人员需要将施工图纸及施工方案作为主要依据做好测量放线工作,明确开挖的具体位置,并且做好明显标识,为实际开挖提供便利条件;

其二,在实际开挖过程中,施工人员需要严格控制开挖深度,在接近设计深度时,需要使用人工开挖的方法,控制实际开挖深度同设计深度的差值在1~2 mm,从而减小超挖情况出现的概率;

其三,施工单位需要根据开挖的深度合理选择支护方法,减少开挖过程中出现塌方及其他意外事件,在保证开挖质量的同时可以最大程度地保证施工人员的人身安全;

其四,在基坑开挖完成后施工单位需要按照施工方案的要求做好全面检查工作,对于存在问题的地方在经过分析后需要立即采取合理措施进行调整,从而保证后续施工环节如期展开。

第四,对土方回填施工过程进行分析。土方回填是建筑土方工程项目施工的最后一道环节,施工情况将直接影响整体质量,基于此施工单位需要充分重视回填过程。回填材料的质量对回填效果有较大的影响,施工单位需要根据实际情况选择回填材料,通常情况下会使用沙土、黏土以及粉土等,施工人员需要控制沙土的含水量在8%~12%,黏土含水量在19%~23%,粉土的含水量在16%~22%。在正式回填前对基坑中的树叶及杂物进行清理,在清理完成后便按照回填工艺进行施工,在全部回填完成后需要使用压路机进行压实处理,控制压实次数为5~6次,进而保证压实度,方便后期施工。

(三)提高建筑土方工程施工管理效果的对策

第一,构建健全的施工管理体系。为了提高建筑土方工程施工管理效果,施工单位需要重新编制现有管理体系,删除不合理的内容,根据相关规定中的要求适当增添管理内容,施工单位可以从以下几点进行:

其一,制定相应的管理制度。借助管理制度对施工人员及管理人员的工作情况进行管控,减少实际施工或者管理中敷衍了事等情况出现的次数,能够充分意识到自身工作的重要性,从而可以全身心地投入到工作中;

其二,制定责任制度。将建筑土方工程施工管理内容具体化,将每项管理任务落实到人,保证每项任务均有直接负责人,提高施工管理工作的落实效果,能够在管理过程中发掘现存问题,避免带来过多的不利影响,在提高施工管理效果的同时能够使施工质量有所保证。

第二,做好管理人员培训工作。针对管理人员专业水平参差不齐的问题,施工单位需要做好管理人员筛选工作,选择专业水平、管理经验丰富的人员担任管理人员一职,在入职前做好岗前培训工作,让其掌握工程项目相关要求及实际施工情况,可以尽快展开工作。此外,需要对安全管理工作产生足够的重视,在施工开始前进行安全教育,让施工人员及其他人员对安全工作产生更多的认识,在实际施工过程中能够做好相应的安全防护措施,从而从根源上杜绝安全事故,保证施工安全。

综上所述,建筑工程中的土方工程作业是极为重要的施工环节之一,为了更好地发展我国的建筑产业,就需要仔细分析其实际的施工情况,并应用当下先进的土方开挖施工技术,从而促进我国建筑工程的进一步发展。

第二节　场地平整

场地平整就是将需要进行建筑范围内的自然地坪,通过人工或机械平整改造成为设计所需要的平面。在目前总承包施工中,“三通一平”的工作往往由施工单位实施,因此场地平整也成为施工前的一项工作内容。场地平整要考虑满足总体规划、生产施工工艺、交通运输和排除雨水等要求,并尽量使土方的挖填平衡,减少运土量。

一、场地平整工作的内容

(一)场地设计标高的确定

1. 确定标高的原则和方法

1)确定标高的原则

土方填挖平衡、与场外的构筑物标高高差、地下水位的高度等。

2)确定标高的方法

确定场地设计标高的方法如下:

(1)一般方法,如场地相对缓和,即可按照挖填土方量平衡法的原则确定场地设计标高。

(2)最佳设计平面,满足建筑规划、生产工艺和运输要求及场地排水、场内土方挖填平衡,并使土方的总工程量最小。

应用最小二乘法的原理求最佳设计平面。

2. 初步计算场地设计标高

1)方格网法

通常将场地划分为方形方格网,边长一般以10~40 m为宜,方格网的边长设为a,a的取值依据地形复杂程度和计算精度要求由低至高分别为10 m、20 m、30 m、40 m,也有50 m的情形,其中a取20 m尤为常见。再在方格角上标注设计标高和地面自然标高,场地设计标高与自然地面标高的差值即为各角点的施工高度(可以是挖方,也可以是填方),通常以"+"号表示填方量,以"-"号表示挖方量。在施工设计高度标注于角点上,后计算每一个小方格填挖(+,-)土方量,且一并计算出边坡方量。将所有小方格土方量和边坡土方量进行汇总求和,即可得到总土方量(包含填方和挖方)。

2)标注各方格角点的地面自然标高

标注各方格角点的地面自然标高一般采用插入法:按相邻等高线间距对高程差进行平分,便可求得相邻等高线之间某点的角点(自然)标高,角点标高分角点自然标高和角点设计标高,两种标高求解方法不同。

3)初步确定场地设计标高

按挖填方平衡确定设计标高

$$H_0 = \frac{\sum H_1 + \sum H_2 + \sum H_3 + \sum H_4}{4n}$$

其中,H_1 为1个方格仅有的角点标高(角);H_2 为2个方格共有的角点标高(边);H_3 为3个方格共有的角点标高(拐);H_4 为4个方格共有的角点标高(中间);H_0 为理论值,应根据实际情况予以调整,适当提高或降低设计标高,其中需要考虑的因素有3个:第一,考虑土的可松性对设计标高的影响:因土具有可松性,挖方土体由密实变为松散,体积增加,造成填土多余,应提高设计标高。第二,考虑借土或弃土的影响:经过经济比较将部分挖方就近弃于场外称为弃土,将部分填方就近从场外取土称为借土,借土或弃土会导致理论设计标高的降低或提高。第三,考虑泄水坡度对设计标高的影响:场地表面应有一定泄水坡度,以满足排泄施工现场积水的要求,场地表面坡度应符合设计要求,一般应向排水沟方向做成不小于0.2%的坡度,通常排水坡度应根据自然地形考虑,且顺着等高线方向可以减少填挖土方量。

(二)场地平整土方量的计算步骤

第一步,初估自然地面设计标高;

第二步,计算各个角点的施工高度;

第三步,计算所需位置,确定施工零线;

第四步,计算所划分的各个小型方格的土方量;

第五步,边坡土方量估算;

第六步,汇总土方量。

(三)土方调配

(1)土方调配的原则。挖方与填方基本平衡,就近调配,减少重复倒运;挖方量与运距尽可能为最小,即土方运输总量或运费为最小;好土用于回填质量要求高的地段;尽量做到近期施工与后期利用相结合、分区与全场相结合、土方工程与大型地下工程相结合,并使土方运输无对流和乱流现象;选择恰当的调配方向、运输路线,合理布置挖填方分界线,以使土方机械与车辆的功能充分发挥。

(2)调配区的划分。在场地平面图上先画出挖填方的分界线,再根据地形及地质条件,在挖填方区分别划出若干个调配区,确定调配区的大小和位置。划分调配区应注意考虑如下因素:第一,调配区的位置应与建筑物、构筑物的位置相协调,以满足工程施工顺序和分期施工的要求;第二,调配区的范围应与计算土方量的方格网相协调,通常由几个方格网组成一个调配区;第三,调配区的大小应考虑土方机械的操作要求;第四,一个借土区或一个弃土区可作为一个独立的调配区,以利于就近借土或弃土。

(3)计算各调配的土方量,并在图上标明。

(4)计算每对调配区之间的平均运距。

(5)确定土方最优调配方案。

总之,土石方场地平整工程是一项很重要的前期准备和基础工作,是做好建筑工程的前提条件,要在理论的基础上结合相关标准要求,加强实践,做好场地平整工作。

二、工程施工流程和措施

场地平整在施工中的流程为现场勘察、清扫地面障碍物、标定整平范围、设置标准基点、设置方格网、测量标高、计算土方地图工程量、编制土方调配方案、挖土和填土、场地碾压,最后进行验收。

在场地平整施工过程中,施工人员应工程施工现场进行严格勘察,了解地形、地貌和周围的环境对施工所产生的影响,根据建筑总平面图进行分析和了解,确定场地平整的范围,拆除施工场地上的既有房屋,各种通信、电力设备,上下水道以及地下建筑物,做好对场地树木的处置,去除耕植土和河塘淤泥等,然后根据建筑总平面图要求的标高从基准水准点引进基准标高作为场地平整的主要基点。

三、场地平整施工方法

场地平整施工设计的前提是确保场地使用作用的发挥,根据历来的工程建设经验,可以采取以下方法进行平整施工设计。

第一,预留整洁的表层腐殖土,其厚度大概要在 300 mm。本着就近的原则存放于方便平整施工的地方,为后期的植物美化做准备,这样就节省了获得种植土的花费,减少了施工成本。

第二,科学规划场地平整标高,尽量确保现实中的场地高度在图上高度的 30~50 cm 以下位置,由此能够控制工期与施工成本。具体体现在以下两方面:

(1)施工方通常愿意运用基础余土在建筑工地,这样就会造成更多土方出现,为场地平整带来更多的工作量,倘若能够在场地实际平整中减少 30~50 cm,就能够防止土方过多、清理任务繁重的难题出现。

(2)完工后的建筑工地的土壤中掺入了大量的施工残余物,这样的土质不利于绿化工作的开展,这样就需要在场地平整过程中留下 30~50 cm,作为场地平整腐殖土的预留区,减少工地实际工作量。

第三,场地平整时,需要把建筑物的土方量归总到工程量当中,实行集中核算。即使高大建筑物布局在填方区,也不需要反复填挖土而增加施工量,这样能够减少地基土开挖的经费。

第四,场地平整施工中必然要考虑排水坡度的布局和设计,为了控制挖方区、填方区的填挖土量,最佳方法就是根据现实中的地形状况进行从高到低的设计。这样就大大减少了施工量，节约了成本。

四、施工场地计量方法

建筑场地挖填土工程一般都是通过人工平整，在工程施工中涉及的各种计算问题要综合分析，这里所说的工程量是对开挖量和填土量分别进行计算，按照建筑物总平面图设计标高进行计算，确保计算的合理与准确。

(1)开挖前应对照所给资料进行导线、中线、水准点的复测，根据现场实际情况增设必要的导线、水准点。

(2)验线测量人员应根据设计单位交底的控制点，先进行联测复测，无误后经监理工程师核准后才可以进行施工测量放线。

(3)使用高精度的全站仪和高精度水准仪直接进行放样和检测，从而大幅度地提高测量的精度。

(4)依据测量、计算结果，根据实测的数据计算，再次核对土石方量。

(5)每个工作面要进行多个工作循环，每个循环在清挖后测量一次。

五、主要分部、分项工程的施工工艺、方法

(一)施工测量方案

编制施工测量专项方案。根据施工组织设计的要求熟悉、校核设计图纸，编制测量方案，经总工审批后作为本工程测量施工的指导文件。施工测量方案应具有规范性、针对性、可操作性，一经批准应认真检查落实，确保施工过程受控。

(二)校核定位

依据定位桩的坐标数据与设计条件进行校准，实地校测桩位精度，符合有关规范要求。对2个或2个以上水准点进行符合校测，符合要求后取中值使用定位桩，经校测后采取保护措施，以保证施工期间正常使用。

六、场地平整施工管理

为了确保场地平整工作顺利有效的开展，要预先做好各项准备工作，对施工条件进行仔细调查、研究，针对平整项目特点进行科学设计、规划、布局，本着“安全第一、质量至上”的原则提高施工效率、控制施工成本。只有做好各项准备工作，完善各项筹备项目，才能为下面的场地平整施工工作的开展做下坚实的铺垫。

(1)施工前期的筹备工作。认真检查施工界限，防止场地平整时无限制、无规划，重点核查所要清理场地的附着物情况，其中重点明确附着物的补偿状况与具体负责人，确保场地清理、补偿落实，一切前期工作准备就绪后才能展开平整施工。在平整过程中，难免会对附近居民造成不良影响，对于类似问题，施工方要有明确的认识，本着安抚的原则解决问题，防止出现施工矛盾。

预先做好施工场地的实地调研工作，核查施工场地地下有无管道、线路等通过，一旦遇到地下障碍物，则要进行谨慎、细心的测绘，利用人工方法来明确管线的具体方位、形状特征等，特别是管线的端点、拐角等处，都要在地表设置标志物，形成警戒区域。对于距离

障碍物100 cm的土方,则要由人工来处理,杜绝机械设施,全面维护地下设施。

(2)加强质量监督。质量意识要贯穿于整个场地平整施工过程中,例如:平整施工前要确保场地土壤内无杂质,做好场地表面土壤清理工作;重点监管回填土的质量,回填土内也要确保无杂质;减少土方的水分,参照回填土的状况进行测试,测试出科学的含水比例,再利用洒水、烘干、掺合、搅拌等方法来调节土方的含水率,使其达到最佳含水率。

(3)引入科学测量仪器,完善回填检测,保证回填土厚度达标。确保任何一层回填土的厚度在25 cm以上、35 cm以下,这样才能确保回填土的密度。

(4)积极采用现代化监测设备,完善隐蔽工程检查,保证回填土土质。回填土土质要参照现有的压实系数进行实际评估,当检查的实测压实系数无法满足设计标准时,则可以从回填土的含水率入手,进行针对性的调整,再进行碾压处理,通过观察回填土的密度来评判其能否满足标准要求。在碾压过程中要将碾压次数控制在标准范围内,科学次数为6~8次。

要重点关注土方接茬处的碾压,确保接茬处碾压平整,同时要尽量扩大碾压范围,使其在接茬范围的50~100 cm以上,而且要将土坡上面的土体加以处理,确保其密实度,同时要把土坡渐渐筑成阶梯状,每一个阶梯的宽度要控制在50~100 cm。

平整施工的整个过程都要贯穿着测量与校核,特别是标高的高度与边坡的坡度。要确保坡度与标高都达到相关标准,在具体的平整施工时,要注意控制施工进度。

(5)加强成本控制。在整个场地平整过程中,要注意成本的调节控制,注意采取科学技术,加强施工管理,尽量保持土方填与挖的平衡,加强对施工机械设备与材料的选择,提高施工效率与工程建设质量,这样才能打造出高品质、高质量的优质场地。

总之,场地平整是建筑工程建设施工的条件和基础,必须做好建筑所在地的场地平整工作,提高场地平整度,为后期的工程建设打下坚实基础,只有这样才能全面维护工程建设质量,提高工程建设水平。

第三节　基坑开挖

城镇化建设进程的不断推进,使得我国建筑工程的数量急剧增加。建筑基坑作为整个建筑工程的重要部分,选择合理的施工方案和施工技术对保障建筑工程质量和安全具有重要意义。

一、明确建筑基坑开挖步骤

(一)前期踏勘

为了保证建筑基坑开挖施工技术方案的合理性,需要事先踏勘施工现场。对工程地质条件、地面承受荷载能力、地下水位调查是施工现场作业的重点。全面地考虑施工现场作业面、周围建筑、施工设备等因素,需要技术人员对多个技术方面进行相应的编制。作为建筑基坑开挖技术方案之中的前期工作,踏勘对明确技术方案有着十分重要的作用,因此需要保证该工作的可靠性、真实性。

在实际对施工现场踏勘的过程中,需要重点把握调查以下几方面情况:其一,明确施工现场的气候条件、地形地貌及其他自然条件。其二,明确施工范围内土层的力学性能、分布等。其三,需要掌握施工现场地下的水质、水位情况。其四,受到自然因素、人为因素影响,施工现场可能会受到如暗河、地下熔岩等因素的影响。其五,明确施工现场周围建筑物的距离、现状等。

(二)合理选择基坑科学开挖的形式

应用机械设备开挖、人工开挖及二者共同开挖是基坑开挖的主要形式。在实际开挖过程中,结合土方的具体情况,明确开展基坑的施工方式。选择开挖方式,具体要看实际条件和实际状况。人工开挖形式,能够在不适合应用机械设备的环境中应用,如有较小的施工作业面、基坑深度不够等。在应用人工开挖方式时,需要借助有效的施工作业指导书,避免不合理作业现象及人工浪费的情况。

二、建筑工程基坑开挖施工方案的确定

为制订一个切实可行的施工方案,相关工作人员会开展前期勘探工作,即对施工现场的详细情况进行细致而深入的了解。在考察施工现场情况时,主要调查地下水位、土壤情况、地质条件等。在完成各项指标考察工作之后,还应具体考虑建筑物的特点,对施工基坑的深度作出判断和预估,对现场施工作业量的大小和难度进行分析,特别需要注意的是,施工现场大型设备与机器的放置问题和技术人员的安排问题。前期对施工现场的勘探工作对于制订施工方案具有重要意义,同时会对后期建筑工程各项施工造成一定影响。为确保前期勘探工作的真实准确与顺利进行,需要注意以下几点问题:第一,考察施工现场的自然条件,特别是气候条件,尽可能避开恶劣天气。第二,勘探施工现场土层分布情况,并对各土层结构性能进行具体分析。第三,调查施工现场地下情况,避免地下障碍物或其他因素影响建设施工。第四,测量施工现场建筑物距离,与其保持合理的距离。

在完成前期勘探工作之后,方可规划施工方案。在规划施工方案时,最重要的是对基坑开挖形式的规划。基坑开挖施工方式主要分为人工开挖、机械开挖及人工与机械相结合开挖。人工开挖的形式适用于施工作业面小、基坑深度小的情况;机械开挖与人工开挖相比,效率更高,经济效益更大;人工与机械相结合的方式则适用于基坑开挖施工工作较为复杂的情况。在选择开挖方式时应根据施工现场的实际情况进行选择。一个完整、合理的施工方案可为基坑开挖施工乃至整个建筑工程建设施工提供指导,同时也是基坑开挖施工技术在施工过程中得以充分应用的前提所在,做好方案规划必不可少。

三、土方开挖的具体方法

(一)人工开挖

人工开挖通常工作环境相对狭小,常用的工具只有铁锹和镐,只能进行一层一层的挖掘。所挖出的土石方,也只能通过人工运输或是皮带运输的方式运出。若是从成本支出角度进行考量,皮带运输机运输的方式支出远远小于使用人力进行运输。若是从效率角度进行考量,皮带运输机运输的方式工作效率远远高于人力运输,大约是人力运输效率的10倍。若是从安全角度来看,同样是皮带运输机运输的方式更为安全。因此,使用皮带

运输机运输挖出的土石方是人工开挖过程中的最佳选择。在确定施工现场皮带运输机的数量时,应以施工现场基坑的体积、大小以及施工现场工作人员的数量为参考。

(二)机械开挖

机械开挖基坑效率较高,在使用机械设备时应注意以下问题:首先,应结合施工现场地质情况、地下水位等选择恰当的机械设备,以便于机械设备可在开挖基坑过程中更好地发挥作用。若是机械设备选择得不恰当,则会对施工进度造成一定程度的影响。其次,在确定边坡做法时,必须考虑基坑周围边坡的实际情况,掌握边坡所能承受的负荷,从而判断采用喷射混凝土还是在周边打桩。

机械开挖需要视周围地质条件、建筑物环境等因素而定,才能开展切实可行、合理的基坑开挖施工。同时,在使用小型机器开挖桩间土时,应使用切割设备将桩头切割掉,之后安排专业工作人员将小型机器与桩接触面凿平整。此外,在使用机械设备完成基坑开挖施工之后,应安排人工对基坑清底、修整槽边。在基坑开挖过程中,及时清理机械设备挖出的土石方,避免对施工造成影响。

(三)人工与机械相结合

人工与机械联合开挖基坑的方法可以有效整合人工和机械的优势,这种方式主要用于应对施工环境复杂的情况。在整个施工过程中,应合理分配人力资源,在人员充沛的条件下,可人工开挖与机械开挖同时进行,从而提高施工效率和进度。

四、基坑开挖施工的准备及注意事项

(一)基坑开挖之前的准备

基坑开挖之前应先做好各项技术准备工作,它是确保开挖能顺利进行的重要条件:①做好“五通一平”工作;②拆迁、开挖区域内障碍物;③摸清工程地质、水文、地下埋设物、管线等情况以及季节气候的影响;④根据现有的施工条件确定施工方法和施工技术措施,不能满足时,应重新确定施工方法,并积极地进行外援;⑤设置控制网,应避开基坑开挖部位,据平面图定出基础位置,钉设龙门板桩,标出基础轴线位置和±0.00标高,并在实地划出基础开挖宽度,并且用白灰土测出基槽开挖边界线;⑥面积大、纵向深、标高多的基坑开挖,应绘制土方开挖草图,包括土方挖掘路线、范围,各层挖深标高,放坡系数,挖方的堆放位置等;⑦做好场地建筑物四周的排水措施,以防基坑积水;⑧正确区分地下水和表面积水,做好基坑的排水或降低地下水位以及土壁加固的机具和材料准备,确保基坑不塌方;⑨准备基坑开挖工具、机械及运土机具,确保油料、零配件的供应。

(二)基坑开挖前的注意事项

(1)基坑开挖对邻近建筑物或临时设施有影响时,应该提前采用安全防护措施。

(2)基坑顶面应提前做好地面防排水设施。

(3)基坑开挖时,不得采用局部开挖深坑及从底层向四周掏土。

(4)基坑顶有动荷载时,在坑口边缘与动载间的安全距离应根据基坑深度、坡度、地质和水文条件及动载大小等情况确定,且不应小于1.0 m。

(5)在土石松动地层或在粉、细沙层中开挖基坑时,应先做好安全防护;当基坑开挖需要爆破时,应执行现行国家标准《爆破安全规程》中的有关规定;土质松动层基坑开挖必须进行支护。

(6)基坑开挖时,应观测坡面稳定情况。当发现坑沿顶面出现裂缝、坑壁松塌或遇涌水、涌砂时,应立即停止施工,加固处理后,方可继续施工。

五、建筑工程基坑开挖施工的安全问题

(一)基坑开挖施工应严格按照图纸要求

基坑开挖施工方案是指导施工的重要参考文件,施工方案的确定是经过严密考虑、审核和修改的,严格按照图纸和方案要求,可最大程度上保障施工过程安全。施工人员在安排基坑开挖施工技术时,施工图纸是其组织工作的重要依据。如若施工人员在施工过程中遇到某些突发问题,使得施工无法按照原有方案进行,切不可莽撞行事,应及时将实际情况精准上报,等待决策人员下达新指令和新方案。特别是施工人员在进行分层挖掘时,应严格控制开挖深度,避免破坏原土层结构。基坑开挖施工严格按照图纸要求和施工方案要求,可规避绝大多数安全风险,为施工提供一个安全的环境。

(二)利用安全设施和教育保障人员安全

施工人员的规范化施工行为是保障自身安全的关键所在,为进一步提高施工人员安全意识,相关部门应大力开展安全教育活动,落实施工团队领导者的安全教育责任,并通过奖励的形式激发施工人员参与学习安全知识的积极性。同时,可制定具体的条例和制度对施工人员的工作行为进行约束,与施工人员签订安全责任合同,从而保障基坑开挖施工过程安全。此外,相关部门还可通过加强安全基础设施建设的方式保障施工人员的安全。

(三)合理安排基坑开挖施工时间

基坑开挖施工免不了需要在夜间施工的情况,有时还会面临风雨天气的影响。因此,施工人员应合理规划施工时间,尽可能避免夜间施工,如若不可避免,则应做好充分的准备,在施工现场设置照明设备,将平坦地势的施工工作安排在夜间。如若施工过程中遇到大雨天气,应立即停工,待雨停之后再进行施工,在开展二次施工前,工作人员应检测施工环境,判断施工环境安全之后再开展正常施工,特别注意边坡情况和基坑内土壁情况。如若施工周围存在陡壁环境,则需要规定任何工作人员不得在陡壁周围停留和活动,全面保障工作人员人身安全。

综上所述,建筑基坑开挖是建筑施工中重要的组成部分。在开展基坑开挖工作过程中,需要严格控制不同流程,保证施工的质量和效率,同时保证工作人员的人身安全,为人们提供更好的服务。针对存在的不足,加强相应的研究,推动建筑质量的提升。

第四节 土方的填筑与压实

土方工程是一项工程量大、施工周期长、投资大、复杂的系统工程,在其施工过程中极容易受到地形、地质条件的影响,如果施工人员没有按照相关规定要求对其进行处理与施工,就会导致整个工程出现安全隐患,影响到建筑工程的正常使用。填筑与压实施工是土方工程施工中的关键环节,在开始填筑之前,施工人员应将坑内的各种杂物清除干净,如

果当地地质条件较好，地面平坦且广阔，那么施工人员只需要将其表面的杂草清除干净即可；如果施工场地处于山地地区，那么施工人员不仅要将场地表面的杂草清除干净，还需要将地基设置成梯形，以保证工程的顺利施工。如果需要对池塘周边或者沟渠等含水量较大的地区进行施工，首先施工人员应该对该地区进行勘察，然后采取有效的措施将土壤内部多余的水分排出，并在其中填入矿渣等，以提高土方的稳定性与密实度，从而有效地保证土方工程的施工质量。

一、土方工程中材料的选择及要求分析

由于土方工程是整个建筑工程的基础，因此对土方工程稳定性与强度的要求都非常高。要想保证其强度与稳定性，土料的选择是关键。在选择土料的过程中，必须根据设计要求选择材料，以保证其质量。一般来说，土料需要满足以下条件。

（1）若是用于土方填充，那么施工人员可以采用碎石类土料、沙土等，这样才能够有效地提高其填充的质量，达到高密实度要求。

（2）也可将黏性土作为材料进行施工，但是在应用这一材料之前，必须将其含水率控制在一定的范围之内，如果含水率较大，那么我们绝不能够将其应用在工程施工中，因为这样会降低土方工程的施工质量与效果，不利于整个建筑的施工质量。

（3）如果施工人员将含有超过8%的碎块草皮和有机含量的土壤应用在工程中，该类土料遇水之后就会发生变形，其承载能力也就明显降低；如果采用的是含有5%以上的硫酸盐的土料，那么在施工过程中，该类土料就会与地下水相互作用，最终导致土料中的硫酸盐消失，降低了其密实度，这样也就无法保证土方的密实度，影响到整个建筑工程的稳定性与质量。

（4）一般来说，施工人员在采用人工填土进行施工的过程中，首先应该采用当前较为先进的、合理的技术手段来对其进行分析，如果符合设计要求便可使用，但是如果土料中成分较为复杂，并且稳定性不足，那么不可利用这一类土料进行施工，以避免降低土方工程的施工质量，影响到整个建筑工程的施工。

（5）在施工过程中，如果遇到淤泥、冻土等土料，绝不可将其应用为土料，因为这一类土料的含水率大、压缩性大、稳定性不足。可以利用坑内挖出的优质土料，不仅可以使原土与其快速融合，满足稳定性要求，还具有成本低的优点。

二、土方工程回填施工要点

（1）按方案基槽回填土采用2:8灰土，车库顶板回填土采用素土，应根据设计要求检查回填土的种类、密实度、施工的方法。检查回填土料的含水率、虚铺厚度和压实遍数，灰土按体积比严格计算。

（2）回填土时应检查基坑底内是否清理干净，基槽回填必须清理到基底标高，不允许有任何杂物。基础墙体应达到一定强度后，才能施工回填土。

（3）检验回填土的质量，回填土一般选用含水率在10%左右的干净黏性土（以手攥成团、自然落地散开为宜）。若土过湿，要进行晾晒或掺入干土、白灰等处理。若土含水率偏低，可适当洒水湿润。严禁用水浇使土下沉的水夯法。雨期施工时，应防止地面水流入

坑内,以防止浸泡基土。

(4)回填土应分层回填,蛙式打夯机每层铺土厚度为200~250 mm,人工夯实时不大于200 mm,每层至少夯击3遍,要求一夯压半夯。

(5)基坑回填应在相对两侧或四周同时进行,基础墙两侧标高不可相差太多,填较长的管沟墙,内部应加支撑。回填土每层夯实后,应按规范规定进行环刀取样,检测其干密度和击实系数,达到要求后,再进行上一层的铺土。

(6)深浅基坑相连时,应先填深基坑,填至与浅基坑标高一致时,再与浅基坑一起填夯。分段填夯时,交错处做成阶梯形,上下接槎距离不小于1.0 m。回填房心及管沟时,人工先将管子周围填土夯实,直到管顶0.5 m以上,在不损坏管道的情况下,方可进行机械夯实。回填土完成后应进行修整找平。

三、填土的压实方法

(一)碾压法

碾压法是利用当前建筑工程施工要求的主要处理措施方法,是利用机械控制措施和压力压实方法来达到土壤质量要求,充分地利用土壤密实度,使其达到所需要的密实度。此法多用于大面积填土工程中,碾压机械有光面碾、羊足碾和气胎碾。光面碾对沙土、黏性土均可以使用压实,其在应用的过程中羊足碾需要较大的牵引力,且其在应用中适合压实黏性土,因此在沙土中的使用中羊足碾会使得土颗粒受到羊足较大的单位压力而向四周延伸,从而使得土地结构遭到破坏,也是较为经济合理的压实方案和方法。

(二)夯实法

夯实法是利用夯锤自由下落的冲击力来夯实土壤。夯实法分人工夯实和机械夯实两种。

夯实机械有夯锤、内燃夯土机和蛙式打夯机,用于基槽或者面积小于1 000 m^2 的基坑回填过程中,人工夯土用的工具有木夯、石夯,夯锤是借助起重机旋持以重锤进行夯土的夯实机械,适用于夯实沙性土、湿陷性黄土、杂填土及含有石块的填土。一台打夯机必须由2个人同时使用,一个人扶把操作,另外一个人掌握前进的速度和方向,以防止发生触电事故。

(三)振动压实法

振动压实法是在送土层表面,振动碾压机产生振动力,使得土颗粒在振动的状态下发生相对位移并在振动压实机的重压之下达到密实的目的,这种方法用于非黏性土的效果较好,如果使用振动碾进行碾压,可以使得土壤受到振动和碾压两种作用,碾压效率高,适用于大面积填方工程。

四、影响填土压实的因素

(一)压实功的影响

建筑施工的实际情况告诉我们,土的含水率固定的情况下,初期的压实对土的密度产生较大的影响,一旦接近土的最大密度,即便压实功增多,对土的密度却产生很小的影响。因而在实际施工过程中,应当通过轻碾与重碾相结合的方式,促进土体的压实。

(二)土的含水率的影响

在实际的施工过程中,若压实功一定,土料的含水率会对土方填筑和压实的质量产生很大程度的影响,在施工过程中,应当通过土的干密度对施工质量进行良好的控制,从而有效地保证施工质量。相对比较干燥的土,颗粒之间的摩擦阻力较大,不宜压实;若含水率超过一定界限,土颗粒呈现饱和状态,部分压实功被水承受,从而不利于压实。也就是说,若要取得较好的压实状态,需要保持土质的含水率适当,水在一定程度上起到润滑作用,从而减小土颗粒之间的摩擦阻力,促进土体的压实。在压实机械相同,且填土厚度和压实次数相同的情况下,最优含水率的确定需要通过多次压实试验进行确定,从而有效保证土方填筑与压实过程中获得最大干密度。一旦遇到土体含水率过大的情况,可以通过科学合理的施工措施降低土体含水率,可以采用晾晒和风干等传统方式,也可以掺入干土和石灰等吸水材料来降低土体的含水量。若遇到土体含水量较小等情况,可以进行洒水湿润或者在一定程度上增加压实功。

(三)铺土厚度的影响

铺土厚度对于施工的影响主要体现在压实效果上,在使用压实机的过程中,受到土体作用的影响会随着土壤深度的增大而加大,一旦超过了一定的深度,那么土体的密度也就达到了相应的要求,在多次碾压的过程中,土体的密度依然处在原有的状态下,基本上不会增加。所以实际施工的过程中,需要对铺土的厚度进行有效控制,其依据主要在于土质的特点以及对压实功的要求,在经过合理的规划以后才能满足对压实深度的影响,进而使施工质量得到保证。工程施工过程中,应当及时进行科学合理的压实试验,从而掌握好压实遍数以及铺土厚度,以促进土方填筑与压实施工的顺利进行。

(四)填土压实注意事项

在填土压实的施工过程中,应当严格遵照国家相关施工操作的标准和要求,及时对排水措施和每层填筑厚度进行检查,为后续的施工工序奠定可靠的基础。对土体的含水率进行合理控制,掌握好压实的程度,从而有效地保证土方填筑与压实的施工质量。在填土的过程中,应当遵照填筑的顺序进行规范操作,进行分层铺填碾压或压实,对施工的实际质量进行科学控制,尤其应当注意,应当尽量采用同一类型的土质进行土方填筑。

1. 场地积水

1)形成原因

土方平整面积过大、填土过深,未采用分层打夯操作模式;场地排水坡过大,难以满足施工标准;排水设施相对落后,无法和实际需求相同步。

2)处理措施

在场地周边处布设排水沟以及水井,保证各排水沟间的有效连接;辅助机械水泵的选择,抽走积水。在场地面积、排水量相对较大的情况下,则应设置6~30 cm深度的排水沟,在保证其正常蓄水能力的同时,选择水泵将积水送至外部沟道;通过排水明沟或暗沟的开挖作业,将积水引至排水系统、下水道等位置,是目前建筑施工中较为常见的积水处理方式。

2. 橡皮土

若土料含水率显著高于原状土,则会在有效打夯处理的前提下,出现土方颤动、土体不稳等问题,则该土料称为橡皮土。为从根本上避免橡皮土的出现,应在土方回填时,预先对基坑、基槽内淤泥、积水进行清除,以此保证基坑、基槽的干净度、土壤含水量的适宜度。若经处理的土料仍无法满足施工标准,则应添加适量的减水剂和砂石,用以达到相关标准,否则禁止入场。

3. 密实度

由于地面荷载、密实度等因素的制约,导致地基稳定性较差,发生不同程度的变形问题。对此,可在土料选择时,对其性质条件予以高度关注,禁止密实度不合格的土方入场。特殊情况下,还应保证土料含水量的标准化,否则将会对建筑工程整体质量构成威胁。而在地基变形处理中,可选择对地基实施二次回填作业和填入适量的吸水材料两种方式。

五、填土压实的质量检验

在进行土方填筑后,还需要进行密实度检验,以此来避免后期建筑物发生不均匀沉陷问题。而排水不畅问题对土方填筑的压实强度和稳定性有着很大的影响。因此,在进行填筑压实检验时,应经常对排水设施的运行状况进行检查,同时还应对建筑土方工程与含水率进行检验,进一步确保压实的质量。在进行填土压实后,还应使用环刀法检验土方中的每层回填土,并根据不同填土对象和不同的标准,在压实后每层下半部进行取样。检验时质量合格的压实层密度要求90%以上必须符合相应的设计要求,而剩余10%的最低值和相应的设计值间的差距不得超过0.08 kg/cm^3,并且应保持分散状态。另外,还应在检查各项内容后,对整体的标高和边坡坡高,以及压实程度进行检验,确保各项数据符合建筑设计标准。

总之,在现代建筑工程施工中,土方的填筑与压实施工常常用到建筑领域的各个方面。填筑与压实技术也是工程施工中非常重要的工序,有任何环节没有按照设计要求施工,都会对工程质量、工程工期和工程安全造成严重影响。

第五节　土方工程冬期施工

冬季土方施工工程的实施往往受制于冬季天气条件的各种制约,由于冬季天气寒冷,土质层会出现冻土现象。冬季气温较低,施工设备往往会受到寒冷天气的影响,给施工带来不必要的阻碍。为此,如何行之有效地解决问题就成为施工过程中必须面对的难题。所以只有强化冬季土方施工的技术要点,才能逐渐有效地解决施工过程中出现的难题,只有了解技术要点、掌握技术要点的实施方法,才能更好地促进冬季土方工程的施工。

一、冬季施工的特点、原则和准备工作

(一)冬季施工的特点

当室外日平均气温连续5 d稳定低于5 ℃即进入冬季施工。冬季气温下降,不少地方气温降至零下,土壤、混凝土、砂浆等所含的水分冻结,建筑材料就容易发生冻裂,给建筑施工过程带来很大困难。例如,土壤冻胀,土壤在冻结期间,由于土粒周围薄膜水和毛细水的作用,水分不断让冻结线聚集,体积变大,建筑物开裂、倾倒,因此事故发生频繁。

混凝土在凝结过程中如受到负温侵袭,水泥的水化作用,在冬季就会结冰,使混凝土发生冻裂而影响质量,春季开始时其中的质量问题就会显现出来,所以施工人员如果在冬季施工应该制订规划,提前做好准备工作,把事故的危险性降到最低。

(二)冬季施工的原则

为了保证冬季施工的顺利进行,在冬季施工前,就应该成立施工现场冬期施工小组,做好必要的前期准备工作和编制冬季施工方案。例如:冬季施工必须连续工作,不能耽误工期,以保证施工质量,合理采用技术措施和需要的材料,工作人员注意自身安全,在规定的时间内完成工作。

(三)冬季施工的准备工作

冬季施工最重要的是气温的把握,每一天的温度都要有记录。让工作人员根据数据合理安排生产任务,因此需要做到以下几点:依据国家有关方面的技术进行冬季施工,在冬季施工的项目必须按照企业规定的设计方案进行,同时对参与施工的工作人员进行工作前的技术指导和培训,确保安全施工,如果遇到施工工程问题应该及时提出,让技术人员及时修改,保证施工质量,核对好施工所需要工具,做到万无一失。

二、冬季土方工程的施工技术要点

冬季土方施工要经过诸多工序,所以要循序渐进地进行相关工作的施工,在施工之前要了解施工地点的土质结构,以便在冬季施工的过程中使用有效的方法对冻土进行处理,保证后续施工工作能够有效进行。处理冻土往往只是在施工过程中处理问题的第一步,由于施工阶段需要开挖地基,因此必须防止深层冻土层对施工过程中造成影响,处理好这些问题之后,土方冬季回填技术也是冬季土方施工必不可少的一个重要技术之一。由于冬季土方回填技术难度大、要求高,这对施工技术的掌握提出了严格的要求。所以,为了完美地完成冬季土方工程施工任务,相关的承建单位就必须掌握土方工程在冬季施工过程中的技术要点。

(1)土方开挖在冬期机械施工时,其施工方法应按防冻结法进行。

(2)采用防冻结法开挖土方时,可在冻结以前,用保温材料覆盖或将表层土翻耕耙松,其翻耕深度应根据当地气温条件确定。一般不小于30 cm。

(3)开挖基坑(槽)或管沟时,必须防止基础下基土受冻。应在基底标高以上预留适当厚度的松土,或用其他保温材料覆盖。如遇开挖土方引起邻近建筑物或构筑物的地基和基础暴露,应采取防冻措施,以防产生冻结破坏。

(4)填方工程在冬期施工时,其施工方法需经过技术经济比较后确定。

(5)冬期填方前,应清除基底上的冰雪和保温材料;距离边坡表层1 m以内不得用冻土填筑;填方上层应用未冻、不冻胀或透水性好的土料填筑,其厚度应符合设计要求。

(6)冬期施工室外平均气温在-5℃以上时,填方高度不受限制;平均气温在-5 ℃以下时,填方高度不宜超过规范的规定。但用石块和不含冰块的砂土(不包括粉砂)、碎石类土填筑时,可不受规范中填方高度的限制。

(7)冬期回填土方,每层铺筑厚度应比常温施工时减少20%~25%,其中冻土块体积不得超过填方总体积的15%;其粒径不得大于150 mm。铺冻土块要均匀分布,逐层压

(夯)实。回填土方的工作应连续进行,防止基土或已填方土层受冻,并且要及时采取防冻措施。

(8)成品保护。①施工时,对定位标准桩、轴线控制桩、标准水准点及龙门板等,填运土方时不得碰撞,也不得在龙门板上休息,并应定期复测检查这些标准桩点是否正确。②夜间施工时,应合理安排施工顺序,要有足够的照明设施。防止铺填超厚,严禁用汽车直接将土倒入基坑(槽)内,但大型地坪不受限制。

(9)应注意的质量问题。①按要求测定土的干土质量密度:回填土每层都应测定夯实后的干土质量密度,符合设计要求后才能铺摊上层土。试验报告要注明土料种类、试验日期、试验结论及试验人员签字。未达到设计要求的部位,应有处理方法和复验结果。②回填土下沉:因虚铺土超过规定厚度或冬期施工时有较大的冻土块,或夯实不够遍数,甚至漏夯,基底有机物或树根、落土等杂物清理不彻底等原因,造成回填土下沉。为此,应在施工中认真执行规范的有关规定,并要严格检查,发现问题及时纠正。

三、土方工程的冬期施工方法

(一)地基土的保温防冻

1. 翻松耙平防冻法

冬季在挖土的土层先翻松 25~40 cm 厚表层土并耙平,其宽度应不小于冻后深度的 2 倍与基底宽之和。在翻松的土壤颗粒间存在许多封闭的孔隙,且充满了空气,因而降低了土层的导热性,有效防止或减缓了下部土层的冻结。此法适用于-10 ℃以内、冻结期短、地下水位较低、地势平坦的地区。

2. 覆盖防冻法

覆盖防冻法适用于降雨量较大的地区,利用较厚的雪层覆盖作保温层,防止地基冻结,适用于大面积的土方工程。具体做法是,在地面上与主导方向垂直的方向设置篱笆、栅栏或雪堤(高度为 0.5~1.0 m)人工积雪防冻。面积较小的沟槽和坑土方工程,可以在地面上挖积雪沟(深度为 300~500 mm),并随即用雪将沟填满,以防止未挖土层冻结。

3. 保温覆盖法

面积较小的基槽(坑)的地基土防冻,可在土层表面直接覆盖炉渣、锯末、草垫、珍珠岩等保温材料,其宽度为土层冻结深度的 2 倍与基槽宽度之和。

(二)冻土的融化

冻结土的开挖比较困难,可用外加热能融化后挖掘。这种方式只有在面积不大的工程上采用,费用较高。

1. 烘烤法

常用锯末、谷壳等作燃料,在冻土层表面引燃木柴后,铺撒 250 mm 厚的锯末,上面铺压 30~40 mm 厚土层;作用是使锯末不起火苗地燃烧,其热量经一昼夜可融化土层 300 mm。如此分段分层施工,直至挖到未冻土为止。

2. 循环针法

循环针法分蒸汽循环针法和热水循环针法两种。蒸汽循环针法是管壁上钻有孔眼的蒸汽管,用机械钻孔,孔径 50~100 mm,孔深视土冻结深度而定,间距不大于 1 m,将蒸汽管循环针埋入孔中,通入低压蒸汽,一般 2 h 能融化直径 500 mm 范围的冻土。其优点是融化速度快;其缺点是热能消耗大,土融化后过湿。热水循环针法是用 ϕ60~ϕ150 mm 双层循环水管制作,呈梅花形布置埋入冻土中,通过 40~50 ℃的热水循环来融化冻土,适用于大面积融化冻土。

(三)冻土的开挖

开挖冻结土的机械强度高,直接开挖宜采用剪切法。先破碎表面冻土,然后进行挖掘。开挖方法有人工法、机械法、爆破法三种。

1. 人工法

人工法是用铁锤将铁楔块打入,将冻土劈开;人工开挖时,工人劳动强度大、工效低,仅适用于小面积基槽(坑)的开挖。

2. 机械法

依据冻土层的厚度和工程量大小,选择适宜的破土机械施工。

(1)冻土层厚度小于 0.25 m 时,可直接用铲运机、推土机、挖土机挖掘。

(2)冻土层厚度为 0.6~1.0 m 时。用打桩机将楔形劈块按一定顺序打入冻土层;劈裂破碎冻土;或用起重设备将重 3~4 t 的尖底锤吊至 5~6 m 高时,脱钩自由落下,可击碎 1~2 m 厚的冻土层,然后用斗容量大的挖土机进行挖掘。适用于大面积的冻土开挖。

(3)小面积冻土施工,可用风镐将冻土打碎后,人工或机械挖除。

3. 爆破法

冻土深度达 2 m 左右时,采用打炮眼、填药的爆破方法将冻土破碎后,用机械挖掘施工。爆破法适用于面积较大且冻土层较厚的坚土层施工。冻土爆破必须在专业技术人员指导下进行,要认真执行爆破安全的有关规定,严格对爆破器材的运输、储存、领取及使用的管理。施工前应做好准备工作、计算安全距离、设置警戒哨等,做到安全施工。

(四)冬期回填土的施工

冬期回填土的施工应注意以下事项:

(1)冬期填方前,要清除基底的冰雪和保温材料,排除积水挖除冻块或淤泥。

(2)对于基础和地面工程范围内的回填土,冻土块的含量不得超过回填总体积的 15%,冻土块的粒径应小于 15 cm。

(3)填方宜连续进行,且应采取有效的保温防冻措施,以免地基土或已填土受冻。

(4)填方时,每层的虚铺厚度应比常温施工时减少 20%~25%。

(5)填方的上层应用未冻的、不冻胀或透水性好的土料填筑。

四、土方工程冬季施工注意事项

土方工程应当尽量避免在冬期进行,原因很简单,冬期施工不但费工、费时,还存在安全问题。如果不可避免地必须进行冬期施工,应当注意以下问题:

(1)建筑物基础部分的土方工程,应进行全面的技术、经济比较,选定经济合理的施工方法,并应保持连续不间断的施工,以防止已挖掘的土重新冻结。

(2)冬期开挖冻土时,应采取防止引起相邻建筑物地基或其他设施受冻的保温、防冻措施。

(3)冬期施工时,运输道路和施工现场应采取防滑和防火措施。

(4)在挖方上边弃置冻土时,其弃土堆坡脚至挖方边缘的距离应为常温下规定的距离加上弃土土堆的高度。

(5)对于开挖完成的基槽(坑)应采取防止基槽(坑)底受冻的措施,例如使用保温材料覆盖。

第三章　砌筑工程

第一节　砌体材料

砌体具有承重、保温、隔热等多方面功能，且造价低、技术易掌握，因此砌体一直是我国应用广泛的建筑材料。砖的尺寸小且数量多，具有极强的可塑性，排列组合可能性很多。我国标准普通烧结砖的规格为 240 mm×115 mm×53 mm，多孔砖的尺寸为：290 mm、190 mm、140 mm、90 mm、240 mm、180 mm、115 mm。这些砖的尺寸和砌筑时的灰缝厚度吻合，实现多角度对接砌筑。但由于受到尺寸的限制，砌体无法满足大跨度、高层、轻质的要求，传统精湛的砌筑工艺没有了用武之地。同时关于保温防水方面的强制性要求，也在一定程度上使设计师放弃了对砖砌体材料的选择。

一、砌体墙的种类

按照砌体在建筑中的结构关系进行分类，砌体墙分为以下几种。

（一）承重砖墙

传统建筑中，砖砌体材料作为承重结构出现，装饰性与结构功能相统一，有些墙体设计为保证墙体强度，增加砌筑高度，墙体内加设钢筋拉接。

（二）双层墙

受砖砌体墙承受力不足的限制，传统意义上往往不能建造高层砖砌体建筑，外加很多地区有墙体加设保温层的规范要求，很多建筑采用双层墙体，即外层装饰性砌体表皮与内层钢筋混凝土墙体结合，砌体通过承托钢构件、化学锚栓和钢筋混凝土中的预埋件连接，墙体夹层中设置保温层和防水层，有的多孔砌块孔洞内还增加垂直钢筋和水平钢筋，再灌注水泥形成更为复杂稳固的加固体系，巧妙地解决了建造技术的瓶颈。

（三）龙骨砖墙

砌块通常在烧造时留有相应的凹槽或洞口，龙骨通过钢筋或者拉杆等构件将砌块固定，砌块之间可添加橡胶垫、水泥砂浆、硅胶等材料黏接，对于某些需要良好通风采光的建筑类型，建筑师在不影响结构稳定的前提下抽掉其中的部分砌块，形成空隙，使空气流通，实用美观。

从砌体材料类型来看，材料有烧结多孔砖、烧结普通砖、蒸压粉煤灰砖、蒸压灰砂砖、烧结空心砖。砌块类有空心砌块、普通混凝土小型空心砌块、蒸压加气混凝土砌块、轻骨料混凝土小型空心砌块、石材砌体。

但目前我国砌体材料生产仍存在自重大、强度低、生产能耗高、环境破坏严重、机械化水平低、耐久和抗震性能差等技术问题。近年来国家管理力度不断加大，先后出台了新型墙体改革的相关文件，严禁使用黏土实心砖进行施工，老式红色黏土砖退出建筑市场，促进了新型墙材的快速发展。现在,采用新工艺生产的有混凝土砌块、碳酸钙砌块、建筑废料再生砖等;根据特殊功能需要出现的有保温砖、吸音砖、除臭砖等。

二、砌体材料的选择

围绕着如何解决造价和结构性等问题,砌体材料的选择成为建筑师设计面对的重要问题。影响建筑选材因素很多,总结如下:

(1)经济造价考量。建筑造价是设计中材料选择的首要限制因素,因为使用当地出产的砌体材料可以有效降低建造成本,所以当地出产的美观且易于加工的材料往往是建筑师的首选。

(2)地方文脉借鉴。当地材料可以与地方文脉相呼应,具有重要的文化性因素。

(3)技术工艺要求。施工和建造工艺也对材料的选择影响甚大,建筑师挑选的砌体材料必须要符合当地施工方的技术条件和加工工艺,才能达到理想的建成效果。

(4)材料运用拓展。单一砌体材料的建造、多种砌体材料的建造和其他类砌体材料的结合、新材料创新应用、旧材料的再利用、新旧材料再结合等。

(5)艺术氛围匹配。材料质感、光泽、颜色、大小规格、尺度的把握都深刻影响着建筑的效果,动人的艺术氛围要求建筑师具有一双"辨材"的慧眼。

三、砌体结构

产业发展水平和建造技术的发达程度是建筑师在设计中不得不面对的现实。"想做什么"和"能够实现"之间往往存在差距。首先,当今建筑建造的高度已和数十年前大不相同,砌体在结构上已不能支持如此的建筑规模;其次,建筑结构技术规范要求不断提高,对砌体建筑的稳定性、坚固性要求不断提高;最后,同等规模建筑设计中,砌块造价高于混凝土造价,经济性的压力使砌块建筑生产成本面临压力。

面对压力,砌体在建筑设计中的功能和角色发生悄然改变。砌体开始由以前结构性功能转变为表皮性功能,由以前整体砌筑材料转变为建筑表皮覆面材料,在性质上越发倾向装修与装饰方面的用途,建造工艺分为以下几种。

(一)"黏接式"砌体

"黏接式"顾名思义使用黏接材料将砌体固定进行砌筑。一般手法是使用钢筋混凝土内芯,在外层用水泥砂浆黏接砌块形成装饰性砌体,根据砌筑高度不同,会加设悬挑结构或金属托梁等构件承接砌块重量,保证安全稳定性。

(二)"咬合式"砌体

"咬合式"构造可以多种多样,一般构造方式是先建立统一的建筑骨架系统,在系统上架设次级安装结构,砌块彼此以类似榫卯咬合的方式交接砌筑而成整体,形成干净、简洁、精确的效果。

(三)"浇筑式"组合砌体

混凝土"浇筑式"组合砌体是砌体材料和水泥砂浆通过现场浇筑方式形成整体,砌体材料既不单纯起装饰作用,也不单纯起结构作用,墙体中间往往配有钢筋,砌体和混凝土共同成为承重结构,其特点是坚固,现场操作性强,砌体材料具有双重角色(既是建筑模板,又是装饰覆层)。

(四)"组装式"砌体

"组装式"砌体将砌块作为安装的部件,通过连接件或者固定系统进行组装,原理上类似搭积木的方式。这种工艺对砌体材料本身的材料强度要求较高,高度和规模都受到较大限制,多适用于较为低矮的小型单层建筑,拼装方式和拼装部件的设计是关键工艺所在。

(五)"配筋式"砌体

在高层建筑的设计中,砌体的稳定性和安全性设计成为工艺构造的重点。很多设计师采用的较为理想的构造方式是"配筋式"砌体砖墙系统。它构筑的是一个立体式的钢筋拉接砌筑系统,一般由钢龙骨、带孔砌块、预埋件、化学锚、连接件、钢筋构成,即由钢筋混凝土的承重结构中的预埋件连接钢龙骨,形成砌体墙面轮廓,每隔3~4皮砖设一道水平向拉结筋,纵向每隔1 m左右通过砖的孔洞处纵向设置钢筋,内灌砂浆,与水平筋拉结,形成整体板状墙体并与预埋在混凝土结构内的预埋件形成刚性连接,确保了整个砌体结构的稳定性。

四、砌体结构材料强度检测

选择合适的检测方法是获取准确的检测数据的前提,有了准确的检测数据,才能准确地推导出材料强度的标准值,为后续的结构鉴定和加固打好基础。《砌体工程现场检测技术标准》(GB 50315)针对砌体中的砖、砂浆给出了多种检测方法。

(一)砌筑块材强度检测

《砌体工程现场检测技术标准》(GB 50315)中针对烧结普通砖和烧结多孔砖引进了回弹法,该方法最终得出的结果为烧结普通砖和烧结多孔砖的抗压强度推定等级。该方法因具有对结构无破损、易操作等特点,广泛应用于正在使用的砌体工程中。且根据作者的检测经验,既有砌体结构中砖的回弹值绝大多数是比较稳定的,得出的变异系数不大于0.21,检测所得出的推定等级基本都能与设计相符。针对其他种类的砖,材料强度检测还是得采取直接取样法,然后根据相应规程得出抗压强度等级。取样法检测的数据真实可靠,但是会对结构造成局部破损。

(二)砂浆强度检测

《砌体工程现场检测技术标准》(GB 50315)中给出的砂浆强度的检测方法有推出法、筒压法、砂浆片剪切法、砂浆回弹法、点荷法和砂浆片局压法。其中,推出法属于原位测试,可用于烧结普通砖、烧结多孔砖、蒸压灰砂砖或蒸压粉煤灰砖墙体的砂浆强度检测,该方法的检测结果真实反映了材料的质量和施工质量,但是对结构造成局部破损;筒压法、砂浆片剪切法、点荷法和砂浆片局压法属于取样检测,会造成取样部位局部损伤,此四种方法适用于烧结普通砖、烧结多孔砖墙体的砂浆强度检测;砂浆回弹法属于原位无损检测,适用于烧结普通砖、烧结多孔砖墙体的砂浆强度检测,主要适用于砂浆均质性的检查,且不适用于砂浆强度小于2 MPa的墙体。砂浆强度检测最终给出的结果是检测单元的砂浆强度推定值。

无损检测方法因其简便快捷、操作性强,被广泛应用。但是无损检测方法具有一定的检测范围,尤其是砂浆强度的检测,《砌体结构现场检测技术标准》中特别指出砂浆回弹法主要用于砂浆的均质性检查,根据作者大量的检测经验,20 世纪 90 年代以前的砌体房屋采用该方法检测砂浆强度时,离散度非常大,大量的工程会出现推定值小于 2.0 MPa 的测区。局部破损检测方法相对无损检测,得出的检测结果直接、可靠,但是对于正在使用的房屋,从结构中现场大量取样出来,困难因素较多,抽样比例小,漏判与错判的概率会加大。

总之,砌体发展呈现出突出的装饰性、砌筑艺术化、材料能耗改进、构造多样化的倾向。在结构性功能逐渐丧失后,建筑砌体的创作反而更灵活自由。可以预见的是,建筑师未来可以通过编写机器手臂"代码"或指定空间锚点来掌控建造的全部过程,砌筑工匠的技术差异和现场施工的不精确性也被有效避免,从而使建筑师重新回到建筑活动的中心位置,也许到那时,又将开启一个天翻地覆的新建筑师时代。

第二节　脚手架工程

脚手架是建筑施工中极为关键的装置,此部分的安装质量能在一定程度上反映建筑整体品质,并且由于其覆盖面较广,作为绝大部分施工作业的重要支持,相关施工人员应熟练掌握其工艺要点,结合施工需求确定合适的安装技术,实际操作中加强质量控制,确保脚手架可正常使用,为其他环节的施工提供良好的条件。

一、脚手架的发展

脚手架的起源是很早的,自中国古代建筑始,脚手架便开始投入使用,只是当时的脚手架比较简单,主要是由一些木板、木棍组成的。例如,中国的古塔、城墙、楼房、佛殿等建筑的建造过程中都要用到脚手架。

我国在 20 世纪 50 年代初期以前,脚手架一般都是采用竹或木材搭设的,自 60 年代始才开始推广使用扣件式钢管脚手架,这类脚手架具有加工方便、搬运方便、通用性能强的优点,但其施工效率低、安全性差,不能满足高层建筑施工需求。

20 世纪 70 年代,我国从国外引进门式脚手架体系,因为门式脚手架既可以作为建筑施工的内外脚手架,又可以作为梁板模板的移动脚手架,所以被称为多功能脚手架。

20 世纪 80 年代,国内开始仿制门式脚手架,门式脚手架因此得到了发展,在工程中被大量推广使用,但由于出自各厂的脚手架规格不同、质量标准不一致,给施工单位的使用和管理带来了一定困难。

20 世纪 90 年代,门式脚手架没有得到发展。但自 1994 年"新型模板和脚手架应用技术"被选定为建筑业推广应用 10 项新技术之一以来,脚手架方面又有了新的发展。新型脚手架是指碗扣式脚手架、门式脚手架、方塔式脚手架以及高层建筑推广的整体爬架和悬挑式脚手架。碗扣式脚手架是新型脚手架中推广应用最多的一种脚手架,但使用面还不广,只在部分地区和部分工程中应用。

随着中国市场的日益成熟和完善,竹木式脚手架将退出建筑市场,只有一些偏远落后的地区还在使用。普通扣件式钢管脚手架占据 70%以上的市场,具有较大的发展空间。

我国现在使用的用钢管材料制作的脚手架有扣件式钢管脚手架、碗扣式钢管脚手架、承插式钢管脚手架、门式脚手架，还有各式各样的里脚手架、挂挑脚手架以及其他材料脚手架。

二、脚手架

(一)扣件式钢管脚手架

扣件式钢管脚手架是由外径 48 mm、壁厚约为 3 mm 的钢管以及相配套的扣件搭设而成的支撑体系或防护体系。扣件脚手架广泛应用于工业、民用建筑支撑架及外防护架体等。同时还可以应用在桥梁等结构满堂支撑体系。由于不受模数的限制，具有极强适应性，操作方便、灵活，目前市场所占份额仍然处于优势状态，约为 70%。

(二)碗扣式钢管脚手架

碗扣式钢管脚手架在沿袭国外同钢管类脚手架节点特性基础上，结合国内实际情况及需要研发而成的新型支撑体系。碗扣式钢管脚手架节点构造整体性能好，从而提高了整体稳定性。加之其自锁功能，保证了工程应用中的安全性能需求。

(三)轮扣式钢管脚手架

轮扣式钢管脚手架是一种具有自锁功能的直插式体系，其立杆轴向传力，整体稳定性能高，具有自锁功能，能够满足施工过程中安全要求。轮扣式钢管脚手架拆装简便、构造简单，很好地规避了零部件的损耗，同时通用性强，承载力高，安全可靠。

(四)键槽式钢管脚手架

键槽式钢管脚手架水平杆、立杆两端采用坚固、新颖的铸钢插头、插座，相互配合进行连接。节点通过敲击使其插头、插座无缝隙，接近刚性连接。该体系力学性能高，装拆灵活，操作简易，拼积木式搭设架体，同时插头、插座耐用，经济适用。

(五)附着升降脚手架

附着升降脚手架是一种在施工时仅需要搭设一定高度并附着于工程结构上，依靠自身的升降设备和装置，结构施工时立直结构施工逐层爬升，装修作业时再逐层下降，具有防倾覆、防坠落装置的外脚手架。附着升降脚手架具有节省大量钢材、可实现遥控控制的优点。

(六)附着式液压升降脚手架

附着式液压升降脚手架具有如下特点：同步功能，防止架体变形破断；超欠载保护功能，防止超限破断而发生坠落。提升设备无须每次拆装搬运，提升设备本身不易损坏，工人操作劳动强度低；提升设备承载能力大，具有自锁保护功能；有更高的安全性能综合经济效益和社会效益。

附着式液压升降脚手架是在高层建筑、高耸筒塔建筑的外墙和内筒施工过程中使用的一种节材、省工、快捷、安全的操作防护脚手架。它还适用于剪力墙、框架剪力墙和框架结构的施工，可适应主体结构施工和外墙装修施工的不同作业要求，可根据施工需要布置成单片、分段、整体升降；适用于层高变化、外形变化、台阶收缩等各种部位施工。

(七)电动桥式脚手架

电动桥式脚手架是一种导架爬升式工作平台，沿附着在建筑物上的三角立柱支架通过齿轮齿条传动方式实现升降,可替代普通脚手架及电动吊篮,平台运行平稳,使用安全可靠,且可节省大量材料。用于建筑工程施工,特别适合装修作业。

(八)全集成升降脚手架

全集成升降脚手架是在附着升降脚手架的基础上,集防护钢丝网、型钢脚手板、架体折叠单元、导轨于一体的新型脚手架,具有工业化程度高、安装拆卸快捷的优点,能够减少劳动量,缩减工期。

三、房屋建筑中常用的脚手架安装方法

(一)附着升降脚手架的安装方法

基于升降脚手架的应用,可解决某部分因结构组成特殊而难以正常安装脚手架的局限性,此部分安装作业时应注意以下几点:①做好吊环的安装作业,于指定位置预埋铁件,必须与设计图纸中的相关要求相符;②合理安装水平支承框架,检测此部分与拟建结构的位置关系,两者需要保持合理的距离,还需检验水平支承框架的位置,主要考虑的是其与建筑物的间距,不可对建筑物的安装作业造成不良影响;③搭建稳定的操作平台,选择的钢管脚手架应与施工要求相适应,具备较高的安全系数,平台外围设铁丝网,以达到防护的效果。

(二)导轨框架式爬升脚手架的安装方法

部分建筑物的楼层偏高,此情况下优先选择导轨框架式爬升脚手架,安装过程中应注意以下几点:①此类脚手架的体积偏大,具备较良好的承受能力,应注重对传力性能的分析,尽可能提高其传力性能;②卸荷限位索是重要的装置,但其可承受的力度有限,因此要注重卸荷限位索的设置,尽可能提高其承受能力;③维持竖向框架的稳定性,使其具有较好的承受能力;④部分导轨的使用情况特殊,需要承受较重的物体,此时可一次升上 2 个楼层,此方式有助于加快安装速度。

(三)型钢悬挑扣件式钢管脚手架的安装方法

悬挑结构在脚手架中发挥承重作用,可有效分担荷载,考虑到此特点,在开展悬挑脚手架安装作业时应注意以下几点:①以设计图的要求为依据,做好水平钢梁的设计工作,确保尺寸的合理性,且在钢梁的最高处应设置短钢筋,数量以 2 根为宜,此举的作用在于提高钢梁承受能力;②预埋吊环,目的在于维持脚手架的稳定性;③调整好水平钢梁的位置,应穿到两道卡环中间,此外还需控制好超出卡环的长度,确保该值达到 100 mm,以焊接的方式处理连接区域,形成整体结构。

四、脚手架工程安装质量控制

(一)管控脚手架工程质量

质量控制是贯穿于脚手架各安装环节的重要工作,施工人员需要依据规范合理展开施工作业,明确安装质量的重要性和必要性,依据特定的流程将各部分结构安装到位。关于脚手架的安装,应引入新式的管理理念,在其引导下创建完善的管理体系,加大对细节管控的力度,紧密结合实际安装情况,以此为参考确定管控指标,为安装过程中的质量控制提供标准。此外,应顺应企业的发展趋势,及时调整现有的质量管控指标,各项细节对

脚手架安装质量也具有重大影响,因此关于细节处的控制指标也要得到工程人员的高度重视;充分发挥高资质安装工程师的引导作用,有序推进各环节安装作业,提高对安装质量的控制水平,形成满足施工要求的脚手架。

(二)完善质量控制系统

机械脚手架安装过程中,加强质量控制的关键在于形成可行的安装质量管理系统,由专业人员将质量管理工作落实到位,并确保脚手架各部分的安装质量。提高脚手架安装流程的规范性,以免对其稳定性造成不良影响,安装过程中加大监督控制力度,将质量要求作为安装作业的基本目标,针对各安装环节提出相适应的质量管理措施。形成质量控制方案后,要根据实际需求灵活优化,方案中需要包含与安装环境有关的相关内容,应大胆突破传统方式的束缚,积极引入新式的安装技术,以质量控制理论为指导,全面提高脚手架安装质量。

安装单位是脚手架工程的重要参与者,必须对安装质量控制形成正确的认知,从老旧的质量控制理念中摆脱出来,引入主流的管理理念,将其用于各项管理工作中,切实提高脚手架工程的管理水平。此外,鉴于计算机技术的良好发展,可引入网络监督软件,在其辅助下做好脚手架安装过程中的质量管理工作,达到节省时间、提高管理效率等多重效果;引入新式的检测设备,获得准确的检测数据,用于反映脚手架的实际安装情况,从中明确脚手架的安装质量问题,根据实际情况采取针对性的质量控制措施。

(三)控制安装过程的细节

脚手架安装具有系统性,其中包含诸多细节,彼此紧密关联,某个环节存在质量问题,都将对脚手架整体使用状况造成不良影响,对此应将质量管理落实到各个细分环节中。为做好质量控制工作,应选择符合资质要求的人员,根据质量标准加强检测,确保各环节的安装质量都满足要求,从而形成完整的脚手架。在现阶段的脚手架安装工作中,机械设备具有重要作用,应选择性能良好的设备,再根据具体的性能情况选择安装技术,探讨质量管理对策,明确脚手架的质量问题,实现对脚手架安装全程的全方位质量控制。

做好准备工作,以便给脚手架的安装提供良好条件,再根据脚手架的安装条件以及质量要求确定合适的安装方法。工程管理单位要熟知安装要求条例中的具体内容,掌握安装技术的核心要点,协调好各安装环节的关系。为做好对安装细节的质量控制工作,安装单位要以正确的心态面对安装中的问题,对其做深入的探究,总结原因后再采取相应的解决方法,高效推进脚手架安装的各环节。

五、建筑工程施工中脚手架安全管理

(一)建筑施工脚手架安全管理中存在的问题

1.脚手架安全管理制度问题

建筑工程在实际施工过程中,人们更多关注的是施工进度,往往忽视了施工安全问题。对于脚手架来讲,施工环境具有一定的复杂性,当多个施工班组同时施工时,容易造成交叉施工的情况,如果不能给予有效处理,将导致安全问题的发生。比如在搭设脚手架过程中,如果没有将隐患排查工作落到实处,将造成安全隐患得不到及时处理。另外,在搭设过程中,如果下方没有将防护网进行有效安装,将导致操作人员的生命遭受一定的威胁。

2. 施工人员安全意识较低

使用脚手架过程中,对施工人员具有较高的要求,具体体现在专业技能上的要求,同时在专业知识上也有相关要求。从当前形势看,大部分施工人员没有进行系统培训,都是以农民工为主,文化水平和安全意识较低。在施工过程中,不能按照具体规范使用脚手架,因而极易造成安全事故。另外,部分施工人员不能深入理解图纸,并缺乏一定的拆除知识等。在施工过程中,没有以相关标准为准则,同时缺乏专业人员的指导,在这样的背景下,脚手架安全管理工作不能落到实处,最终造成施工人员安全面临一定的威胁。

3. 脚手架材料与规定要求存在一定的差异

在脚手架安全问题中,脚手架材料与要求不相符是造成安全问题最为主要的原因。脚手架,主要以钢质为主,生产厂家在构配件生产过程中,没有进行严格的安全检查,一些有裂缝及弯曲材料被利用到脚手架材料中,生产材料质量令人担忧。另外,在建筑工程施工现场中,构配件是多次利用的,对于生锈以及断裂情况的构配件,并没有得到及时的更换,这就会造成脚手架自身安全性不能得到保证。

4. 脚手架搭设过程不合理

脚手架在搭设过程中,假如不能进行合理搭设,将造成十分严重的后果,极易引发安全事故。比如施工人员在搭设脚手架时,如果不能依照具体规定进行,将造成连墙装置存在不规范现象,同时剪刀撑、横向、纵向杆件设置十分不科学的情况,将对脚手架结构造成不利影响,使其十分不稳定,最终导致脚手架坍塌情况的发生。此外,在搭设过程中,若施工人员没有正确佩戴安全帽、安全带,穿防滑鞋,在施工过程中存在重大安全隐患,将无法保证施工作业人员的安全。

(二)加强脚手架安全管理措施

1. 加强材料控制

在脚手架施工过程中,施工人员需要对各种材料的质量进行检查,确保所有的材料都有质量检验合格报告,避免使用弯曲、破损、开裂及严重锈蚀的材料,在确认材料规格能满足相关标准的要求后,才能将其用于脚手架的搭设。有关部门应对脚手架材料的生产厂家进行监管,避免不合格材料流入市场,而在建筑工程施工过程中,应安排专业人员负责脚手架搭设、使用和拆除的监管,以此来保证脚手架的安全性,规避风险事故。

2. 严格遵循规范搭建及移除脚手架

在搭建和移除脚手架的过程中,施工人员要提供严格的管控,要注意以下几点:①不允许采用破损、老旧的物料予以搭设,同时不允许在极端天气下应用脚手架,在应用前还应该仔细核查。②在搭设脚手架期间,不允许任意拆卸,一旦更改,就要求在专业人员的引导下操作。③要确保脚手架操作场地干净,仔细堆放材料,同时还要在第一时间处理垃圾。在拆除脚手架的过程中,要求安排专业人员实地监管,不允许让非施工人员进入工程现场,同时施工人员还应该佩戴安全帽,完成好针对性的防护举措,依据指令规范完成拆除工作。④牢牢遵循"由上向下,先搭后拆"的拆除基本准则,同时还应对那些拆卸下来的构件进行清理，防止给后续工作带来不利影响。

3. 构建完备的脚手架检查监督机制

在采用脚手架的过程中，工程负责人还应该搭建完备的安全管理机制及监督检查机制，进而确保脚手架的安全可靠性。具体来说，首先，要进一步加大管理工作者的审核力度，在工作过程中不断提升管理人员的业务能力，确保其具备专业化的知识技能。不仅如此，还应定期对管理工作者进行考核评估，对那些考核不过关的管理工作者进行教育，情形严重的，还应该对其进行辞退处理，从而提升管理队伍的总体水平。其次，增强管理者的责任感，构建完备的监管机制，还应让管理工作者牢牢遵循基本规范，发现施工过程中存在的隐患，同时提供针对性的指引。最后，在安装及移除脚手架的过程中，管理工作者还应做到现场监管，要求工作人员合理处置脚手架，然后把“安全生产”践行到管理工作中。

4. 增强安全意识

切实做好安全宣传工作，提高施工人员和管理人员的安全意识，同时应提高施工人员的专业能力，强化其对工程细节的把控，确保其施工流程烂熟于心。当前，部分施工人员在脚手架安装过程中，因为专业能力不足而经常引发安全问题，通过定期培训的方式可以帮助其了解脚手架的安装和拆除步骤，避免出现误操作，并加强安全宣传教育，通过张贴安装警示标语、开展安全知识讲座、分析安全事故等方式，确保安全意识能真正深入人心。

（三）案例分析

1. 工程概况

某工程为教学办公楼及辅助用房，合同工期为 360 d，总承包金额达 5.2 亿元，总建筑面积为 87 920 m^2，占地面积为 99 333 m^2，建筑高度为 30.4 m，混凝土强度等级及抗渗要求基础为 C35P6，梁为 C35，距离四周市政道路较远，周边管线情况暂时未知，现场踏勘发现围墙外侧可见雨水井、污水井、市政消防栓，施工环境相对复杂，根据地质勘察报告，该项目勘察的最大深度为 35 m，并依据钻探、原位测试及室内土工试验等流程，分析出场地的勘探深度可达到岩性物理力学性质的差异，将整个施工现场工程地质层分为三层，这给脚手架工程施工技术应用带来了较大阻碍，但也提升了施工质量管理要求。

2. 做好脚手架施工准备

要想确保脚手架安装顺利，就要提前做好准备工作，针对那些较为醒目的脚手架，在搭建之前应严格审核各个方案，核查方案内的设计条件是否契合现场实际需求。此外，脚手架的材质已经成为影响脚手架质量的重要因素，那么工程方案与现场现实应用的钢管尺寸都应严格按照规范进行。在选用扣件材料的过程中，可以优先选择可锻铸铁或者铸钢，在核验质量的过程中就应仔细地核查其有无出现裂缝、变形等问题，同时还应完成好表层防锈。为了防止在作业期间，由于材料量问题而出现一系列安全问题，管理人员在验收期间要仔细核查各个材料的质量合格证书、质量检验报告等。

3. 搭设与提升前后及使用中的检查要求

1)脚手架搭设及使用中的检查要求

每次搭设完成后,做好检查记录表和验收程序,主要由安装单位、总包单位、监理单位联合进行,按照施工方案要求的内容进行检查。使用的过程中,首先要由总承包商、分包商自检;然后开展复检,自检合格的,监理单位应加强现场验收管理;最后由监理方签字确认后再使用。

2)脚手架使用过程中的安全管理

脚手架搭设完成后,施工人员使用过程中会经常存在不安全操作隐患,因此在维修开工前施工单位对施工人员要进行安全操作方面的培训,进一步提高每一位人员的安全意识,禁止私自拆改架体的安全保障设施,遇上天气不好的施工环境如需对脚手架复工使用的,需要第二次检查和验收合格,施工单位一定要对专职的安全员进行全天候的监督,这样是为了确保脚手架在使用过程中做到安全可靠,如果一旦发现违规操作现象,施工人员应第一时间自存在潜在危险的地方迅速撤离。

总之,脚手架是建筑工程施工中至关重要的基础装置,确保安装质量是提高脚手架使用水平的关键。实际安装工作中,应建立健全安装质量控制体系,将质量控制落实到每个环节中。从安装单位的角度来看,持续提高内部人员的综合水平刻不容缓,同时切实做好脚手架的安装作业。

第三节　砌体工程的施工

近年来,在我国经济迅猛发展的背景下,建筑工程数量与日俱增,同时建筑工程规模也开始呈现不断扩大的趋势,人们必然对建筑工程质量的要求日益提高。考虑到以上情况,为不断扩展建筑行业市场,逐步提升建筑企业信誉,就需要建筑企业基于自身职业意识、职业素养的不断提高,重点关注建筑工程施工质量的有效管控。建筑砌体作为工程建设中的重要组成部分,施工质量控制方面仍有不足,存在各种各样的问题,如水平灰缝砂浆不饱满、存在混乱的砖砌体组砌形式等,严重影响了建筑工程整体质量,同时也威胁着建筑物使用过程的安全性。

一、建筑物砌体工程施工前的准备工作

砌体工程作为支撑整体建筑物的主要力量之一,应提前做好施工准备工作,以下主要是砌体工程的准备工作流程:测量—计算—设计图纸—图纸会审—技术交底—采购砌体材料和黏结材料—材料进场—检测试验。

(一)砌体施工前的注意事项

(1)掌握砌体结构的几何尺寸及墙体各个部位的构造形式,做好测量工作。

(2)施工队在施工前了解相关砌体施工质量标准,充分研究施工图纸,并做好技术、安全方面的交底工作。

(3)做好施工材料、施工机具的准备工作。砌筑工具主要为大铲、瓦刀等,积极做好工具准备工作,以提升工作效率;机械设备工具主要为砂浆搅拌机、吊塔等。

(4)做好砌体材料以及砌体黏结物质的准备。

砌体材料主要有烧结类砖、非烧结类砖、混凝土小型空心砌块、石材四类。不同的砌体材料其制作工艺、成分、功能、砌筑工艺、配合的砌体黏结物质都有一定的区别。其中,烧结类砖的用途是相对比较广泛的,主要以黏土、粉煤灰、页岩作为原材料,压制成型之后,高温(900~1 100 ℃)烧制而成,其制作工艺简单,原材料廉价,制作成本相对较低,可抗风化、隔热、隔音,具有一定强度的特性;由于烧结普通砖类的比重比较大,相关制造人员对其制作过程加以改良,实现了烧结多孔砖、烧结空心砖的加工与制作,新工艺的烧结砖类多用于非承重墙或者框架结构的填充墙,进一步节省了制砖的材料成本。非烧结类砖主要是采用高压蒸馏或者黏合剂粘贴等方式制成,而非高温烧制而成;最具代表性的非烧结类砖主要有蒸压灰砂砖、炉渣砖等,主要用于工业或者民用建筑的易受冻融合干湿交替作用建筑部位,可以有效地降低收缩裂缝的生成概率。混凝土小型空心砌块是以水泥、砂石等混凝土材料制作而成的,在高层或者大跨度的建筑中应用广泛,具有较强的抗震性能,已成为砌体材料的主力军。

砌体黏结砂浆主要采用水泥、石灰膏、黄沙等原材料,其比例大概以 1:1:4为宜,考虑砂浆的强度需求可以配比不同强度等级的砂浆,确保其和易性。除黏结砂浆外还有砌筑砂浆,主要有水泥砂浆、石灰砂浆等,在多层建筑物砌体工程中主要使用 M1~M10 的砌筑砂浆,地下室砌体工程多使用 M2.5~M10 的砌筑砂浆。另外,具有装饰性、功能性的抹面砂浆也在普遍使用,其具有防水、防潮、保温的特性,是对砌体抹面砂浆的一大创新。

(二)建筑物砌体工程的施工

砌体工程的准备工作结束之后,需要进行相关的施工工作,工艺流程的完善、施工环节的面面俱到、施工时精益求精将有利于提升砌体工程的建筑质量。

砌体工程的工艺流程主要为:①墙体放线;②墙体拉接筋植筋、构造柱植筋、构造柱绑扎;③砌块浇水;④制备砂浆;⑤砌块排列;⑥铺砂浆;⑦砌块就位;⑧校正;⑨竖缝灌砂浆;⑩勾缝;⑪墙面清扫;⑫支设模板;⑬拆除模板;⑭砌筑斜顶砖;⑮砂浆填塞密实。

注意事项列举如下:

(1)墙体放线。墙体砌筑测量放线主要分为地库砌体放线、主体底层墙体放线、楼层内各墙体位置的引测、楼层内高程控制线引测。地库砌体放线时应注意严格按照建筑图纸、使用经纬仪、钢尺、水准仪等测量工具确定引点放线的位置并做好+1.10 m 标高油漆记号;主体底层墙体放线时应注意测算施测的轴线与基础墙轴线的吻合度,并与施工图纸相符,做好误差审核工作,对于有门洞的位置,应提前弹出门洞位置的黑线;楼层内各墙体位置的引测应注意使用水准仪校对各楼层预留的基准点和轴线的位置,并根据图纸的要求确定水电设备预留洞口和门窗洞口的位置线;楼层内高程控制线引测是需要注意使用水准仪测放出每个楼层的建筑+50 cm 线,并做好标记。

(2)拉结筋。应注意掌握房屋的结构类型,按照结构类型设计构造柱,砌体墙的设计应减少对主体结构的不利影响,应注意参考《建筑抗震设计规范》(GB 50011—2010)。

(3)砌块浇水。应注意了解砌筑采用的砌块材料,注意掌握砌块的含水率以及砌块的外界温度,提前进行适度的湿润工作。在此注意烧结类砖的含水率应控制在 60%~70%,混凝土多孔砖在干燥环境下的含水率应控制在 40%~50%,为了提升整体的质量,避免使用干砖。

(4)砌块排列。应注意按照先内后外、先远后近、纵横搭接的整体原则,其砌块排列方式主要为错缝搭接,搭接长度不得小于高度的1/3,搭接长度不足时,可在水平灰缝内设置钢丝网片;局部必须镶小块砖时,应注意尽量减少镶砖的数量并分散镶砖的位置。

(5)砌筑砂浆。砌块砌筑砂浆时,可采用铺浆法,注意:一次铺浆不得超过750 mm,对于砖或者小砌块砌体,每日的砌筑高度应控制在1.5 m以下;砌筑灰缝处的砂浆应做到厚薄匀称、紧实饱满,水平灰缝和竖向灰缝的砂浆应达到一定的饱满度,至少是90%;铺浆时应关注砌体所处环境的干湿情况,若处于比较干燥的环境中,应提前做好湿润工作,确保铺浆的质量;若砌体上的砌块需要移动,应注意清除原有的砂浆,再进行下一步的铺浆。

(6)竖缝灌砂浆。对于竖向灰缝可以考虑加浆法或者挤浆法。挤浆法是指在墙体铺一段砂浆之后,使用砖与砂浆进行挤压达到一定的厚度,平推平挤确保达到下齐边、上齐线的要求,此法可以确保竖缝砂浆饱满,且省人力,极大地提升了工作效率。

(7)勾缝。将两块相邻的砌块之间的缝隙使用砂浆填充至饱满,确保砌体墙面清洁、整齐。

(8)砌筑斜顶砖。此方法主要应用于填充墙的砌筑之中,为了确保填充墙与梁之间的紧密结合;确保框架结构达到足够的强度后,且在砌筑时要求施工到梁底20 cm便停止施工,7 d后采用斜砌砖的方法填实,防止框架梁下挠造成梁的负弯矩,以提升体系的稳定状态。

二、砌体施工过程中的管理要求和意义

在施工过程中,要加强对其施工制度的制定与管理,加强对施工人员的培训与监管,提升管理质量,促进管理水平,做好砌体技术与其他技术领域的相互协调和相互配合,提升密切合作的程度。在施工过程中,要面面俱到,在不同的阶段设立不同的目标,并积极做好目标管理工作,为进一步提升施工质量与水平打下良好的基础。做好集体管理工作,提升施工人员之间的人际关系水平以及专业技能,积极开展教育培训活动,提升各方面的技能水平,这样才能更好地提升施工质量。制定详细的施工管理制度,并做好监督工作,积极做到奖罚分明,以提升施工人员的积极性,促进其工作,提升施工人员的安全意识以及环保意识,提升施工现场的整洁与安全。积极提升建筑砌体施工过程中的管理规范有着重要意义,有利于提升施工人员专业技能,促进施工的质量,对于确保人身安全有着重要的意义。

三、砖砌体施工工艺介绍

(一)材料准备

砖砌体所用的主要原材料有砖块、水泥砂浆、预埋件和钢筋,所使用的原材料需要根据国家现有的标准进行质量检测,并在全部检测合格后方可使用。砌墙施工前,需要检查砖块的规格和强度,使用前将砖块浸泡1~2 d,调整含水率至10%~15%,尽量采用预拌砂浆。做好机械设备的准备工作,水平机械设备主要有小推车和吊车,立式机械设备主要有

起重机和井架等。

(二)施工准备

砌墙前及时清除杂物,并确保地面均已平整、清洁。确定每个位置的砖块规格,在砌筑之前了解是否有设计变更,并根据实际需要预留孔,结合砖块尺寸、轴线、墙线、窗孔等,及时校核前期准备工作,保证满足施工图纸中的要求。在墙体上搭设皮数杆,及时清除砌筑地面上的杂物,可以采取洒水除污等方法。根据需要架设脚手架,以确保砌体结构的稳定性,同时定期检查工具,包括垂直和水平工具是否已准备好。

(三)砖基础施工

砖基础的防潮层需要抹灰,抹灰厚度一般控制在 60 mm,才能起到防水的效果,放脚通常采用"一顺一丁"的形式。为了保持砌筑后砖基础的水平方向,需要提前将皮数杆设置在垫层转角的位置。

四、砌砖施工中的施工要点

用水平仪将每层墙找平,并在墙上方 500 mm 处设置水平线("水平线+0. 500"),俗称"50 线",这条线可以作为控制地面高度和室内地板标高的基础。

(一)施工洞口的保护

在砌体结构施工过程中,往往会在楼层的外墙和隔断上留下临时施工洞口,以便在装饰阶段便于材料的运输和人员的通行。为确保墙体稳定性和人身安全,洞口位置必须符合规范要求。通常洞口的宽度超过 30 cm,洞顶必须设置过梁。如果房屋建筑工程的抗震等级要求较高,在设置建筑物洞口时,必须和相关设计单位研究之后才能够进一步确定。

(二)减少不均匀沉降

不均匀的铺设会导致墙壁出现裂缝,并对结构造成极大破坏。严禁在墙体上强行施加集中荷载,这样能够减少砂浆接缝和砌体的变形(如起重机安装)。严格控制现场施工过程中的每日砌筑高度,按照规范要求,要求每日砌筑高度不得超过 1. 8 m,雨天砌筑高度每日应该严格控制在 1. 2 m 以内。

(三)砌体施工的质量控制要点

砌块质量在使用过程中需要经过严格检测,满足现场要求。另外,需经过专业的检测机构出具检测报告,相关结果符合有关标准,才能用于砌筑。如果砌块质量不符合标准要求,应禁止进入施工现场,避免发生相关质量问题。如果在施工过程中发现成品砌块的质量不符合要求,则需要根据实际情况拆除或加固。

(四)纵横墙接槎控制要点

在实际砌体结构中,需要保证砌块的转角和接缝的强度满足实际工程要求,以提高砌体结构的质量。混凝土工程的施工必须严格按照有关规定和标准进行,严禁不按有关措施和方案进行内外墙施工。如果实际施工中出现暂时中断施工的情况,施工单位可以根据实际情况采取相关措施。

五、砖砌体施工技术

（一）砌筑方法

1.“三一”砌筑法

“三一”砌筑法是指一铲灰、一块砖、一揉压的砌筑方法。优点是灰缝饱满，附着力好，墙面干净。

2. 挤浆法

挤浆法即用灰勺、大铲或铺灰器在墙顶上铺一段砂浆，然后双手拿砖或单手拿砖，将砖挤入砂浆中一定厚度之后把砖放平，达到下齐边、上齐线、横平竖直的方法。这种砌法的优点是可以连续挤砌几块砖，减少烦琐的动作；平推平挤可使灰缝饱满，效率高；保证砌筑质量。铺浆长度不得超过 750 mm，施工期间气温超过 30 ℃时铺浆长度不得超过 500 mm。

3. 满口灰法

满口灰法是指在砖的整个表面和砖的边缘刮擦和放置砂浆。其特点是砌筑质量好，但效率低，只适用于特殊砖砌体。

（二）清理和勾缝

为保持墙体清洁，需要在铺完 10 皮砖后将墙体清理干净。接缝必须水平或垂直，水平或垂直接缝必须平整，表面必须充分压实和抛光。接缝的形状为凹缝或平缝，凹缝的深度通常为 4~5 mm，灌浆完成后，需要对墙壁进行清洁。

六、建筑砌体工程施工质量控制

为不断扩展建筑行业市场，促进建筑企业信誉的逐步提升，就需要建筑企业基于自身职业意识、职业素养的不断提高为出发点，重点关注建筑工程施工质量的有效管控。建筑砌体作为工程建设中的重要组成部分，施工质量控制方面仍有不足，存在各种各样的问题，如水平灰缝砂浆不饱满、存在混乱的砖砌体组砌形式等，严重影响了建筑工程整体质量，同时也威胁着建筑物使用过程的安全性。

（一）砖砌体质量的影响因素

1. 砂浆强度

工程所使用的砌筑砂浆根据环境保护的要求不允许现场拌制，多地只允许使用预拌砂浆。预拌砂浆是在商品预拌砂浆站按照强度等级依据配合比的要求直接拌制而成，运送到施工现场直接使用，大大提高了砂浆的质量，砂浆强度对砌体的影响明显降低了许多。

2. 抹灰和砂浆接缝的饱满度

在砖混结构中，砌体是建筑物的主要结构构件，主要承受竖向荷载，因此必须保证砌体的完整性和稳定性。砌体通缝的形成削弱了砌体的强度并降低了结构的完整性，是影响砌体强度的重要因素。水平砂浆填充不饱满，减少了垂直荷载作用下砖与砂浆的接触面积，易使砌体受到较大的集中荷载，造成墙体开裂。

3. 墙体留槎、接槎

砌体的强度及结构完整性受留槎和接槎的影响比较大，如果房屋建筑工程对抗震性能要求较高，需要重点考虑墙体的留槎和接槎。主要存在的问题有：①内墙和外墙砌筑时间不同，不同部位相差较大，在砌筑时任意留槎，有的留有阴槎，设置的构造柱接槎不满足要求。②斜槎不符合要求，有的在墙下约 1 m 处留斜插，并随意在砌筑中留直槎。③使用冷拔钢筋做拉结筋时，钢筋和墙体之间的距离过大，末端未形成 90°弯钩等，接槎质量马虎，接缝不直，砂浆不饱满。

4. 构造柱与墙体的连接

构造柱与墙体连接的不合理做法直接影响了建筑的完整性。在抗震要求较高的地区，墙体交接的地方一般必须设置钢筋混凝土构造柱，保证整体房屋建筑工程抗震要求。目前，在设置构造柱马牙槎时，其高度和深度不按要求设置，在浇筑混凝土时，中间部位往往会形成一个薄弱层，所以承载能力较弱，甚至出现构造柱断裂的情况。此外，在连接灰缝处未安装拉结筋或者拉结筋长度不符合要求。

5. 混凝土施工因素

插入式振捣器对于提高混凝土的密实度意义重大，如果只是通过晃动钢筋笼或者敲打模板，就不能达到规范和标准所要求的质量，容易出现质量问题。如果构造柱马牙槎很少或者墙体和构造柱贴合不紧密，脱模后，墙体会出现很多空洞和“断层”。此外，马牙槎两侧的砖墙表面不平整，模板与砖墙之间的空间较大，容易出现“跑浆”现象。

（二）建筑砌体工程施工质量控制问题

1. 砌筑时砌块湿润度不达标

建筑物倒塌时，一些砌块上没有砂浆痕迹。而产生此种现象的最主要原因就是在砌筑前缺少对砌块的湿润，具体表现为砌筑前并未充分湿润砌块，加之砂浆黏稠度达不到要求，此时一旦砂浆和砌块黏结工作未做好，就会降低砌体的强度，也会减弱砌体的整体性。此外，选择干砌块进行砌筑的情况下，砌体会导致砂浆中水分流失，随之砂浆缺水问题就会出现，难以保证水泥硬化过程所需水分，最终致使砂浆强度严重降低。

2. 水平灰缝砂浆饱满度较低

水平灰缝砂浆饱满与否，是导致砌体强度受到影响的重要因素之一，在饱满度不达标时，砌体受力问题就会出现，致使砌体呈现出多方面受力状态，导致砌体和砂浆黏结的效果难以实现。水平灰缝砂浆饱满度低于 80%时，透明缝及瞎缝情况就会随之出现，致使砌体工程质量面临严重威胁，建筑工程整体的建设水平和安全性也得不到切实保障。

3. 砖砌体组砌形式相对混乱

在砌筑工程施工中较为重要的施工工序就是砌体组砌方式，其主要体现在受压方面。对此，砌体施工时，需在砌体的稳定性及整体性方面进行重点考虑，一旦不能为砌体的稳定性、整体性提供保障，必然会直接威胁建筑工程项目的整体建设质量和结构施工水平。实践表明，砖砌体组砌的过程，尤为重要的一个参数就是丁砖数量，其在一定程度上决定着横向拉结力，横向拉结力会随丁砖数量的增加而呈现出变大趋势。在选择错误组砌方式或方式混乱的情况下，砌体质量就会明显降低。而出现上述现象的主要原因在于操作人员在该方面施工过程并未提高重视程度，缺少责任心。导致组砌形式混乱的因素为：在组砌过程使用了一些碎砖，且此类砖的使用存在过于集中的现象，此种原因会致使砌层间有直缝、两层皮等不良现象；包心砖法的使用不当或存在错误使用现象，影响里外皮砖层的咬接，出现通缝，致使砌体的整体强度开始呈现出大幅度降低的现象；砖的尺寸、规格不达标，突出了宽窄不一的竖缝问题。

4. 墙面不平整

导致墙体不平整的原因主要有以下几点：

(1)施工人员开展同一层作业的过程中，如果放线方面存在差异化现象，或存在拉线错位等情况，就会出现螺丝墙。因无法咬圈，所以会导致圈梁截面尺寸受到不良影响，阻碍下一道工序施工的顺利开展。

(2)砌二四墙时未用外手挂线，或者是混水墙砌筑砂浆的清理工作未做，导致混水墙砌筑砂浆未刮净，砌三七墙时未实施双面挂线等，以上都会影响墙体的平整度。

(3)未立准皮数杆，或者是存在错位现象，未按皮数杆对砖层进行控制或未明确标记等，都会导致墙面不平整问题的产生。

(三)建筑砌体工程施工质量控制对策

1. 培养高素质施工和管理队伍

在分析以往的一些施工经验和教训后，可明确在建筑砌体工程施工环节，施工人员责任心、技术水平等会给工程性能造成的直接影响。与此同时，管理人员工作态度、素质等也与砌体工程施工质量密切相关，所以要高度重视高素质施工人员、管理队伍的培养。在具体施工的前期，注意建材设备的科学准备，同时基于人力资源的合理配置，加之将技术交底工作做好，并重视施工人员、管理人员安全意识的培养，才能有序推进砌体工程施工。与此同时，要定期组织和工程相关的学习、培训等教育活动，帮助施工人员、管理人员及时更新技术体系，基于先进技术、管理经验的学习，使施工人员、管理人员的安全施工意识、施工质量自觉管控思想等有效树立起来，促使施工人员、管理人员能够从自身出发，注意工程细节的优化，推动砌体工程施工质量的提高。此外，施工方也应重视健全管理制度的制定，以此有效约束、管束工人行为，为施工及管理工作的规范性、合理性提供保障，该环节可选择绩效和工资挂钩的方式应用，充分激活整体工作人员的工作积极性，而在人员表现优秀的情况下，要从物质、精神方面给予双重奖励，使其榜样作用充分树立起来，达到对其他工作人员潜移默化的影响目的，也利于良好工作氛围的营造，确保良性循环逐步形成。

2. 严格规范施工的操作流程

为确保砌体工程施工质量能够切实提升，必须重视施工过程按规范操作，根据前文阐述的具体问题，结合相关的实践经验，认为施工管理优化和完善过程要从以下 7 点出发：

(1)砌筑的前期，工程施工人员应认真检查砌筑部位卫生，确保砌筑部位满足清洁度要求，之后浇水湿润工作方可开展。一般情况下，最适合进行砖块浇水湿润工作的时间为砌筑前两天，最适宜的湿润深度为水浸入砌块四边约 15 mm。

(2)要积极改善砂浆和易性，且砂浆具体应用到施工中时，要适当搅拌。此外，实心砖墙砌体水平灰缝砂浆也密切关系着砌体整体的施工质量，要保障其饱满度处在大于 80%的状态中。

(3)砌筑工人掌握的砌筑水平与墙体砌筑质量直接相关,所以要重视砌筑工人的筛选。此外,砌筑人员在所砌筑的墙面上标注日期和姓名,提高了砌筑人员的责任感。

(4)宽度小于 1 m 的窗间墙砌筑过程,最合适的砌筑方法为整砖砌筑,该环节对于半砖或破损砖块来说,可在受力较小的砖墙砌筑中应用。

(5)墙体砌筑过程,要保障每天砌筑的高墙为 1. 8 m 以内,雨季施工的过程中,一般建议砌筑高度小于 1. 2 m。此外,还要选择防雨冲刷砂浆保护措施的应用,该环节针对新砌筑的墙体来说,最好选择防雨材料覆盖的方式。值得注意的是,砌筑使用铺浆法时,铺浆长度要在小于 75 cm 的范围内,一旦施工时的气温较高,如高于 30 ℃时,要确保铺浆长度在小于 50 cm 的范围内。

(6)墙体砖缝搭接的过程中,要确保砖缝大于砖长的 1/4,同时每隔 20 cm 要确保内外皮砖层拉结一层丁字砖。砌筑受力较小的墙心部位时,可选择半砖或破碎砖。砌筑过程,要在砖柱组砌方法方面提高注重度,具体可以实际情况为依据,选择组砌方法。砌筑过程所用的异形尺寸砖,要进行切割处理,该环节可选择无齿锯,同时要确保砖柱竖横方向进行饱满的抹灰。在每一层砌筑完成的情况下,刮浆塞缝工作都要开展,如此才能确保砌体强度切实提高。为避免组砌方法变动,要注意尽可能避免砖尺寸、规格等误差,最好是保障同一栋砌筑工程都能够使用同一砖厂生产的砖。

(7)针对平拱式、弧拱式过梁灰缝来说,具体砌筑过程要以楔形缝砌筑效果为主,同时针对拱顶灰缝来说,其宽度要处在小于 15 mm 的范围内,而拱底灰缝宽度最好是在大于 5 mm 的范围内。此外,平拱过梁底的砌筑过程,最好存有 1%的起拱,并在拱体纵横向灰缝中填砂浆。拆除过梁底部模板、支架等零部件的过程中,灰缝砂浆强度要大于设计强度的 80%,规避透明缝及瞎缝等的产生。补砌时,清理接槎处表面,确保灰缝的平直度。

3. 注意材料的控制

砌筑工程施工过程中,必须严格把控材料。进场过程的工程砌块,需要技术人员仔细检查出厂合格证、出厂检验报告,在建设单位及监理人员的见证下取样送至有检测资质的第三方复检,复检合格后允许使用。针对进场后的砌块来说,要合理地堆放,同时要采取防雨、防水等措施进行防护。建筑砌筑工程选用预拌砂浆的情况下,进场环节要检查其出厂合格证,为进场材料的合格性提供保障,从根本上有效提高砌体强度和砌筑工程施工质量。

总之,建筑砌体工程分项施工是项目的重要组成部分,只有砌体结构安全,才能从根本上保障砌体结构子分部的质量。所以,深入分析砌体工程施工质量控制问题及对策,全方位保障砌体分部的高效率、高质量施工。

第四节　砌筑工程冬雨期施工

随着人们生活水平的提高,建筑需求量以及建筑规模不断扩大,在新技术支持下,建筑施工技术水平也不断提高,现在人们已经能够实现在冬雨期进行建筑施工作业,且施工效果值得肯定。砌体工程是建筑工程中至关重要的一项内容,冬雨期施工会对其质量产生一定的不利影响,所以相关施工人员需采取科学合理的施工工艺,以保证砌体结构的稳定性和安全性,进而提高建筑工程整体的施工效率和施工质量。

一、冬雨期施工对建筑砌体工程的主要影响

冬雨期是冬季一种比较具有代表性的气候条件,主要表现为天气多变,降雨时间以及降雨量都不固定。在该期间进行砌体施工,需要采取多项措施预防质量安全问题,部分施工材料因为在冬雨期内会损坏,所以资源损耗量更大,施工成本更高。此外,在这种特殊且多变的施工条件下,施工技术要求也会更加严格,施工难度更大。如果施工方案不合理或者施工工艺不恰当,很容易导致整个施工工程质量不合格,尤其是一些冻害问题,在施工初期不易被发现,随着施工进度的延长,问题会逐渐凸显,最后不得不重新返工或加固处理。

二、冬雨期条件下的砌体施工建议

冬雨期施工条件下,施工人员应当预先分析可能会出现在砌体施工环节中的问题,明确应对措施,控制砌体所遭受的外部干扰,以此来提升砌体的实际施工水平。依照冬雨期的情况,可通过以下三种途径来完善砌体施工过程,确保砌体部分维持较高的施工质量水平。

(一)冻结法

冻结法的砂浆内不掺任何抗冻化学剂,允许砂浆在铺砌完后就受冻。受冻的砂浆可以获得较大的冻结强度,而且冻结强度随气温的降低而增高。但当气温升高而砌体解冻时,砂浆强度仍然等于冻结前的强度。当气温转入正常温度后,水泥水化作用又重新进行,砂浆强度可继续增长。冻结法施工的砂浆,经冻结、融化和硬化三个阶段后,砂浆强度及砂浆与砖石砌体间的黏结力都有不同程度的降低。砌体在融化阶段,由于砂浆强度接近0,将会增加砌体的变形和沉降。所以对下列结构不宜选用:空斗墙;毛石墙;承受侧压力的砌体;在解冻期间可能受到振动或动荷载的砌体,在解冻期间不允许发生沉降的砌体。

(二)外加剂法

外加剂法是冬雨期砌体施工活动中比较多见的施工方法,这一方面具有独特的应用特点,优势也极为明显,施工者首先需要分析施工情况,确定是否可以使用这种外加剂法,如果需要面对施工环境的湿度超过80%、处于水下环境中且并未设置防水层的建筑结构或者有特殊的装饰要求的建筑物等情况,就不可运用外加剂法。另外,确定使用外加剂法后,对配筋砌体实施砌筑工作,需要预先将沥青漆涂刷到钢筋上,做好防腐保护工作,而后再使用外加剂,避免钢筋受到外加剂的影响。

使用外加剂法时还需对一些基本的技术要求进行关注。所使用的原材料不允许出现质量问题,在砌体材料中,砖石材料必满足清洁度与吸水率方面的要求,所用的骨料与胶结材料也必须达到使用标准,否则会影响砌体施工效果。

(三)暖棚法

应对冬雨期,还可选用暖棚法,对施工环境的温度进行控制,给建筑施工创造良好的条件,使砌体施工能够正常展开。进行基础与地下工程的砌体施工时可选用这一方法,如

果需要完成地面上的砌体施工任务,该方法的作用将无法有效发挥出来。施工人员可在施工前期将暖棚搭设到建筑物周边,增设热源,提升棚中温度,使其保持比较高的温度,棚中温度往往需要高于 5 ℃,形成适合砌筑所用的砂浆的温度,确保其在被养护后,可以形成良好的硬化效果。

相比另外两种方法,暖棚法更加简单,可发挥出调节与控制温度的作用,使棚中形成良好的温度环境,在运用这种应对冬雨期的方法时,要注意做好监督工作。在棚中可完成养护砌体的施工任务,养护期间,注意保障质量,定期检查,以此来细致地了解砌体形成的变动,较早地找出砌体问题,并作出施工调整。日后改良暖棚法时,需要以内部温度为切入点,打造出更适合砌体施工的温度环境。

三、冬雨期建筑施工难点

在冬雨期建筑施工需要克服的困难是非常多的,相对于一般的天气而言,它的难度是非常大的,以下是冬雨期建筑施工难点。

(一)掺盐砂浆法的施工难点

第一,适用范围。该方法在使用时要加入抗冻化学剂,从而缓解低温带来的损害。该化学物质的添加,可以在一定程度上降低溶液的冰点,保证溶液中水的适量,促进水化反应下能够持续不间断地进行,从而提高材料的强度和稳定性。另外,在低温状态下,不容易在砌砖的表面形成冰层,促进溶液与砌砖之间能够形成很好的融合。采用该方法施工简单易行、成本低廉、材料比较普遍,应用范围比较广泛。

第二,砂浆的要求。应用该方法时,砂浆起重要的作用。在冬雨期进行施工时,需要对材料的外在进行清理,消除冰霜;使用石灰膏时,应注意防冻,避免破坏内部的性能。如果凝结成了固体,融化后才能继续使用。混合料中的砂石粒径小,不能掺杂冰块,使用之前,要进行严格的筛选;在进行材料的搅拌时,要将温度控制在一定的标准,水的温度在 80 ℃以下比较适宜,砂浆可以保持在 40 ℃。

第三,砂浆的配置。在进行具体施工时,对砂浆的配置是冬雨期施工的难点。在这个过程中,要加入一定的氯盐,当然要保持适量。如果掺入过少,在混合中容易出现冰结晶体,还会降低水化的速度,影响工作效率,强度也达不到质量要求的标准。如果掺入过多,超过混合物的 10%,会导致工程后期强度达不到标准,而且浓度过高,会稀释出大量的盐,增加了吸水能力,降低了保温性能。因此,在氯盐的加入方面,要进行科学的测验,保证配比的科学合理。在搅拌之前,需要对使用到的原材料进行加热,这个过程需要热水;如果热水的温度满足不了需求,可以对主要的材料砂石进行加热。温度达到一定的标准后,在搅拌时要注意材料的投放顺序,先放入水、砂,最后进行水泥的投放。

第四,砌筑施工。在使用钢筋之前,要在表面涂上沥青进行特殊处理,防止钢筋在使用的过程中生锈。在温度比较低的情况下,可以通过浇热水的方式,进行温度的合理控制。在无法浇水的情况下,可以增强混合物的黏稠度。在进行砌筑的时候,可以采用"三一"砌筑法,促进砂浆与砖面的全面贴合,保证施工的强度,需要采用一定的保温措施进行调控。

(二)冻结法的施工工艺

采用冻结法施工时,应按照“三一”砌筑法,对于房屋转角处和内外墙交接处的灰缝应特别仔细地砌合。砌筑时一般采用一顺一丁的砌筑方法。冻结法施工中宜采用水平分段施工,墙体一般应在一个施工段范围内,砌筑至一个施工层的高度,不得间断。每天砌筑高度和临时间断处均不宜大于 1.2 m。不设沉降缝的砌体,其分段处的高差不得大于4 m。

为保证砖砌体在解冻期间能够均匀沉降且不出现裂缝,应遵守下列要求:解冻前应清除房屋中剩余的建筑材料等临时荷载;在开冻前,宜暂停施工;留置在砌体中的洞口和沟槽等,宜在解冻前填砌完毕;跨度大于 0.7 m 的过梁,宜采用预制构件;门窗框上部应留 3 ~5 mm 的空隙,作为化冻后预留沉降量,在楼板水平面上,墙的拐角处、交接处和交叉处每半砖设置一根 φ 6 的拉筋。

四、冬雨期建筑施工难点的改进措施

(一)做好前期的准备工作

做好现场排水。在具体的操作中,要结合实际的施工环境埋设地下排水管道。根据水的流向和地势进行管线的铺设,同时配合地上排水,保持施工环境良好。可以挖设临时排水的渠道,选择距离建筑物较远的地方排放雨水,降低对周围人群生活的影响。穿过原有的基础设施时,可以进行地下管道埋设,保持排水管道的畅通。如果处于低洼地带,要在高地旁边开挖截水沟。

(二)做好运输道路的维护

冬雨期,天气条件差,保证材料运输干线畅通至关重要。道路旁边要建设排水沟;在渗水能力比较强的路段,可以铺设临时路面。对道路干线进行定期维护,保持道路的清洁和平整。如果道路有损坏,可以在天气比较好的情况下,及时进行修缮。

(三)利用蓄热法

在冬雨期进行施工,蓄热法相对应用较少,但也是一种比较重要的辅助方法。蓄热法主要是通过加热的方式,使材料温度保持在一定的标准,从而延迟冰冻的时间,保证正常施工。建筑砌体完成后,可以在砌体表面覆盖一层保温材料,从而控制温度,降低施工的难度。这种方法在-5~-10 ℃的区域,效果比较明显。

总之,冬雨期进行建筑砌体施工,是一项比较艰巨的任务,需要引起重视,进行全面的探究,在具体的施工中,要明确施工重点难点和注意事项,遵循科学的冬雨期施工原则,制订合理的施工方案,降低施工难度,提高施工质量。

第四章 钢筋混凝土工程

第一节 混凝土结构工程概述

混凝土结构工程是建筑工程的重要组成部分,它的施工对整体建筑施工工期、成本及质量等都具有极大的影响。在混凝土结构工程中又包含三大部分,分别是钢筋工程、模板工程及混凝土工程。在实际施工过程中,这三部分紧密配合,才能够确保施工的顺利进行。

一、混凝土结构的概念及优缺点

简单来说,混凝土结构是指以混凝土为主导材料的建筑结构,分为钢筋混凝土结构、素混凝土结构、预应力混凝土结构以及钢管和钢骨混凝土结构等。混凝土结构的主要优势在于整体性、可模性、可塑性、耐久性、耐火性以及成本低等。这些优点使混凝土结构成为我国建筑工程中最常见的结构形式之一。不过,混凝土结构也有一些弊端,例如它的极限拉应变与极限压应变之间差距过大,导致其抗拉强度和抗裂性不足;再如它对强度和刚度要求较高,但自重大,因此抗震性能较弱;再就是混凝土结构工程在施工过程中往往模板消耗较大,工期较长,受自然条件影响较大,这些都是亟待完善的地方。

二、混凝土结构工程形式应用与发展

从我国的资源分配看,钢材过剩而混凝土资源紧缺,对资源的可持续利用具有很大的影响。为了缓解这一现象,也为了提高混凝土结构工程的强度等性能,钢-混凝土有机地组合起来,形成了钢-混凝土组合结构。

目前,钢-混凝土组合结构是建筑行业中常见的混凝土结构工程形式,如钢板混凝土用于混凝土结构地下结构加固;压型钢板-混凝土,用于楼板;楼盖或桥梁利用型钢-混凝土组合梁;电厂主厂房利用外包钢管混凝土柱等。另外,将混凝土浇筑在钢管中,可以制作钢管混凝土立柱,具有较强的抗弯性,能够在建筑工程中充当抗压构件。蜂窝形梁是在工字型钢腹板基础上制作的一种钢-混凝土组合梁,能够提升梁体的抗弯性,同时能够节约钢材,结合管道的使用,具有良好的社会经济效益,广泛应用于电厂厂房结构中。总结来看,通过将钢和混凝土两种材料组合起来,可大大提升结构的承载性能,同时减少截面尺寸,减轻重量,提高延性和抗疲劳、抗冲击性能,该组合结构形式越来越受到工程界的关注。在相同承载力条件下,相比于常规的钢柱,采用钢管混凝土柱可节约钢材 50%,降低造价 40%;相比于钢管混凝土柱,采用钢管混凝土柱可节约水泥 50%,减小截面尺寸 50%,减轻自重 50%,节约模板 100%。对比来看,其经济效益非常显著。另外,由于钢管的自身支模能力,原混凝土柱中绑扎钢筋和拆模等工序均可省掉,可大大简化施工过程,

缩短工期。

框架混凝土结构也是常见的混凝土结构形式,在框架混凝土结构设计中,重点在于框架节点箍筋配置、底层框架箍筋、框架梁纵向配筋率等方面。对于框架节点核心箍筋配置需要满足相应的规范要求,满足箍筋密集区箍筋最小体积的要求等。根据有关的建筑规范,对不同等级的框架节点核心区配筋特征以及体积配筋率有不同的要求,一般来说,一级框架节点核心区配筋特征值要大于0.12,体积配筋率控制在0.6%以下;二级框架节点核心区配筋特征值要大于0.10,体积配筋率控制在0.5%以下;三级框架节点核心区配筋特征值要大于0.08,体积配筋率控制在0.4%以下。这一项规定可以保证框架节点核心区具有良好的延性,所以设计过程中需要特别注意。设计底层框架柱箍筋加密区,需要满足相应的建筑抗震设计规定,其中底层柱根处箍筋范围需要大于柱净高的1/3。这个规定是近几年新增的,需要在设计中提高重视程度。对于纵向配筋率设计,应该严格按照相应的设计规范,根据梁配筋率大小,适当调整梁箍筋最小直径,保证梁端的延性。多层框架混凝土结构是目前建筑结构中普遍采用的形式,这种结构具有自重轻、稳定性强、承载力高等优点,并且具有良好的防火、防耐磨性能。

预应力混凝土结构是近年来发展起来的一种结构,由于其性能突出,所以得到了广泛的应用。在预应力混凝土结构中,无黏结部分是结构中最为突出的重点,这种无黏结技术,不仅能够省去传统混凝土结构施工中的压浆、穿孔、管道预埋等环节,对施工设备的要求也相对较低,对建筑工期控制、成本控制具有十分重要的意义。

三、混凝土结构工程施工工艺

目前,我国正处于经济高速发展时期,建筑工程蓬勃发展,基础设施建设不断扩大,建筑施工的新技术、新工艺、新材料不断涌现和更新,混凝土结构工程在各个建筑领域不断涌现。为适应当代建筑发展的需求,建设出更多、更好的优质工程,对混凝土结构工程施工工艺的应用必须熟练和准确,以此确保建筑工程的质量。

(一)钢筋工程

1. 钢筋的基础处理

钢筋进场后应进行弯曲试验与拉伸试验这两项物理试验。对钢筋进行调直时可以采用钢筋调直机,钢筋调直后应平直,无局部弯曲。

2. 钢筋的焊接

在焊接钢筋时,对焊钢筋的端头应顺直,端部150 mm范围内应清除干净,对焊时,被焊的两根钢筋应安放在同一轴线上。钢筋对焊时,应先进行试焊,待试焊件经试验合格后方可进行正式施焊。对焊工作完毕后,应稍停3~5 min,待接头处的颜色由白红色变成黑红色后,才可松开夹具,平稳取出,轻放在堆料处,不得任意抛掷。

对焊试件每组拉力、冷弯各2个,拉力试件以抗拉强度不小于钢筋的抗拉强度标准值,且不在焊缝和热影响区断裂为合格。冷弯试件是将接头靠弯心一侧的毛刺、凸包打磨掉,使接头位置处于弯曲中心处,用万能试验机或人工按规定的指标弯曲,在接头处大于0.5 mm宽的横向裂纹或热影响区外侧出现时,认为该接头钢筋已断裂。

3. 钢筋的绑扎

针对不同的部位，钢筋的绑扎应采取不同的方式。比如独立柱基础钢筋绑扎应按照以下要求进行：双向主筋的柱底板网片，其交点处应全扎，扎扣成八字形，必要时，应加设临时加固钢筋，以防网片安装时，钢筋有偏位；当柱基边长 B 大于 3 m 时，其钢筋长度可采用 $0.9B$ 交错布置，且要求长边筋在下，短边筋在上，有弯钩时一律朝上；柱基插筋的下端应做成 90°平直弯，且应用铁丝同底板筋扎牢，位置正确。柱基内箍筋间距应与柱相同，也不应少于 2 个。柱基插筋的位置要有可靠的固定措施，严防偏位。其上端部宜先套一个变径箍，以便于上柱筋的绑扎搭接。

（二）模板工程

模板安装应拼缝严密平整，不漏浆，不错台，不跑模，不涨模，不变形。

采取尺量和目测的办法抽查模板安装的位置、标高、断面尺寸、垂直度是否符合本项目允许偏差。检查墙柱边线、控制线、轴线、水平线。跨度等于或大于 4 m 的梁板模板按设计要求起拱，当设计无要求时，起拱高度为跨度的 1/1 000～3/1 000。起拱线要顺直，不得有折线。

门窗洞口、孔洞口模板保证尺寸准确，位置正确，洞口方正，固定牢固。墙柱模板底部和梁柱接头应留有清扫口，清扫口应位置正确，大小合适，开启方便，封闭牢固，在浇筑时应能承受混凝土的冲击力，不漏浆，不变形。层高较高的墙板加高部分或墙体分两次支模时，应充分考虑模板上下接缝的平整度、严密性及牢固程度。墙根、柱根模板应平整、顺直、光洁，标高准确。为防止少量渗浆，应加贴海绵条，海绵条宽度以不小于 30 mm 为宜，粘贴海绵条距模板线 3 mm，使其模板压住后海绵条与线齐平，防止其海绵条浇入混凝土内。不得用砂浆找平或用木条堵塞。框架结构梁柱接头的模板要跨下柱子 600～800 mm，至少有两道锁木锁在柱子上。门窗洞口模板与墙面模板接触面宜加贴海绵条，防止此处模板漏浆。

（三）混凝土工程

1. 混凝土的取样

对同一配合比混凝土，取样应符合下列规定：①每拌制 100 盘且不超过 100 m^3 时，取样不得少于一次；②每工作班拌制不足 100 盘时，取样不得少于一次；③每次连续浇筑超过 1 000 m^3 时，每 200 m^3 取样不得少于一次；④每一楼层取样不得少于一次。

2. 混凝土的浇筑

混凝土从搅拌地点运至浇筑地点，尽量缩短运输时间。应充分搅拌后再卸车，不允许任意加水，混凝土发生离析时，浇筑前应二次搅拌，严禁使用已初凝混凝土。混凝土的浇筑应该保证其在浇筑点具备规定的质量，既没有加入任何其他材料，也没有损失任何成分。

在浇筑混凝土前，应从浇筑断面清除所有浮水和外来杂质，浇筑 5 cm 厚与混凝土成分相同的水泥砂浆或减石子混凝土。

未加缓凝剂的混凝土在开始搅拌后的 30 min 内如果没有浇筑到位，则应废弃。只要泵送混凝土的配合比及泵送过程符合招标文件要求，就可以使用泵送混凝土。如发生故障，停歇时间超过 45 min 或混凝土出现离析现象，应立即用压力水或其他方法冲洗管内残留的混凝土。

每次开工时所拌制的第一批混凝土中的水泥含量应比正常用量高10%。在开始浇筑混凝土前应设置好施工缝,并在进行浇筑时将混凝土连续地浇筑到施工缝处。在进行浇筑时,不得将混凝土投入或泄入模板外,以防止混凝土的组分发生离析。混凝土浇筑分层厚度宜为300~500 mm;当水平结构的混凝土浇筑厚度超过500 mm时,可按1∶6~1∶10坡度分层浇筑,且上层混凝土应超前覆盖下层混凝土500 mm以上。

3. 混凝土的振捣

混凝土的振捣同样是一项重要的工作,浸入式机械振捣器可以应用于混凝土的振捣工作,但是除在预制混凝土构件中可能允许模板的振动,钢筋、模板和预埋件的振动都不应涉及。为了防止气泡的形成,振捣器应至少插到新浇筑的混凝土的底部,并在原位保持15 s,然后缓慢提出。在振捣过程中,应每隔150~225 mm选取一点插入振捣器进行连续的操作。

4. 施工缝的设置

施工缝的设置应严格按照施工图纸的进行,位置和数量不得随意变动,对于图纸没有详细标明位置和数量的施工缝,其设置应综合考虑混凝土浇筑的顺序,从而使混凝土的收缩和温度效应的影响减小。施工缝的设置应遵循以下原则:施工缝要尽可能设置在受剪力比较小的部位;原则上承受动力作用的设备基础不应设置施工缝;施工缝的设置位置要便于施工;在施工缝上连续浇筑混凝土层的间隔时间应大于3 d,同时在14 d以内。施工缝具有防水功能,除要尽量位于剪切应力最小的地方外,施工缝与主应力线垂直并与刚性模板成一直线。如果出现外露混凝土充分凝固的现象,必须立刻用硬质刷将施工缝表面打毛。施工缝浇筑混凝土前,应除去施工缝表面的水泥薄膜、松动石子和软弱的混凝土层,并加以充分湿润和冲洗干净,不得有积水。

四、混凝土结构工程加固施工技术

混凝土作为工程建设中最常用的建筑材料,需要对不满足强度要求的混凝土结构工程进行加固,分析加固施工技术,采取针对性的加固方案,对使用过程中出现的强度破坏、承载力不足、强度不满足设计要求等情况,采用混凝土结构工程加固施工技术,提高构件的强度,最大限度地保证混凝土的质量。

(一)混凝土结构工程加固施工技术的应用重要性

建筑物结构的安全稳定性关乎其使用寿命,采用科学的混凝土结构加固技术,有利于全面保障建筑物的使用周期。混凝土结构工程加固施工技术的应用能够最大化提高建筑的可靠性。建筑物面临自然灾害的损害,其稳定性会受到一定影响,进而导致建筑物中居民的生命财产安全受到威胁。对建筑物进行加固处理,能够降低自然灾害的发生。应用混凝土结构工程加固施工技术提高建筑物的耐久性。部分施工人员缺乏对混凝土结构的正确认知,在实际操作中存在一些疏漏,导致建筑物的耐久性有所下降,进而严重影响了建筑物的整体质量。通过使用混凝土结构加固施工技术能够有效地加固建筑物,提升房屋建筑的稳定性。随着我国土木工程建设的不断进步,多数建筑物进入老龄化阶段,势必存在建筑的维护问题。合理地应用混凝土结构工程加固施工技术能够有效地促进我国建筑行业的长远发展。对已经老化的建筑物进行基础加固,提高了建筑物的安全使用功能,为建筑行业的稳定发展提供了重要条件。分析影响建筑稳固性的因素，采取针对性的加固措施，强化日常的建筑物施工管理，最大化地达到加固施工效果。

(二)混凝土结构工程加固施工技术的使用特点

1. 技术的可行性研究

分析混凝土结构工程加固施工技术的可行性，需要了解工程项目中混凝土的破坏情况，对施工现场进行实地考察，掌握各方面的施工数据，为工程建设项目后期制订加固施工方案提供数据支持。严格检查混凝土结构构件是否存在变形情况，若构件出现变形问题，需要采取分阶段的加固措施，或者及时修复建筑物，选择最佳的施工方案尽可能地解决问题；若混凝土主体构件发生了力的方向转变问题，需要分段调整支撑力。应用混凝土结构工程加固施工技术需要基于安全稳定的根本目标，采取可行性的施工措施，不断加强施工现场管理，就地取材，降低材料运输造成的工程成本提高。

2. 技术的施工难度

混凝土结构工程加固施工技术具有一定的难度，这也是工程的技术要点。需要提前了解加固施工技术的具体内容，采用针对性的作业方式，发挥出人力作用，有效提高工程建设的施工效率。在进行混凝土结构工程加固施工时，利用先进的技术，合理地降低加固施工难度。在进行具体加固作业时，施工人员需要结合力学知识，增加支撑。对于混凝土结构发生变化的情况，适当地增加支撑垫，分担建筑结构产生的重力荷载。巧妙地应用混凝土结构工程加固施工技术，保证施工质量的同时也降低技术的施工难度。

3. 技术的实用性分析

分析混凝土结构工程加固施工技术的实用性，充分考虑最佳的加固方式，提高施工操作的简便性，以期达到最理想的施工效果。避免因施工技术难度过大影响施工工期的问题出现。从加强混凝土结构安全稳定性的角度出发，选择合适的施工材料，提高混凝土结构的质量。分析工程建设项目具备的施工水平，了解施工环境、材料特性等外部条件，选择高效的加固施工方法，起到提高混凝土结构工程加固施工技术实用性的作用。常见的加固施工措施是修补法，针对混凝土结构中存在的裂缝问题，及时调整混凝土，清理裸露的腐蚀钢筋，随后使用环氧树脂进行密封，达到加固效果的同时还具有抗压的作用。常见的加固方法还有加大截面法，即将施工材料构架在横截面上，提高混凝土构件的强度和硬度，及时修补混凝土结构出现的裂缝，有效地提高了混凝土结构工程的稳定性。对混凝土结构加固施工技术的实用性进行多方面考量。明确加固施工技术在实际使用过程中存在一定难度，针对主梁跨度较大的工程，可能出现安全隐患，也会出现材料浪费的现象。对于采用分段施工的加固方法，需要投入较高的人力资源成本，耗费的施工材料较多，影响了混凝土结构工程的施工效率。只有进行综合分析，合理地应用混凝土结构工程加固施工技术，才能提升建筑物的整体质量。

(三)混凝土结构工程加固施工技术的内容

1. 框架梁的加固

加固混凝土结构框架梁体，可以使用粘钢锚固法，配合使用碳纤维加固的措施，有效地达到安全稳定的效果，全面提高工程项目的施工质量。由于粘钢锚固法资金投入较少，施工操作难度不大，适用于混凝土结构框架梁体的加固。碳纤维加固法需要的经济成本较大，施工材料相对昂贵，但具有良好的加固优势。由于碳纤维的材料具有重量轻、强度大的特点，钢材自身重量轻，会降低工人的劳动量，进而需要投入的人力成本减少。混凝土结构工程建设耗费的时间缩短，工程效率大幅提高。使用粘钢锚固法或者是碳纤维加固法，都需要工程建设企业根据混凝土结构工程的实际情况，作出科学的预算，结合建设工期的要求，选用最适合的加固方案。

2. 框架柱的加固

混凝土结构框架柱也是需要加固的重点内容，采用混凝土结构工程加固施工技术进行混凝土构件加固，常见的加固方法有外包钢加固法，会降低对混凝土结构整体的破坏程度，有效地保护了混凝土结构整体的强度。外包钢加固法分为干、湿两种操作方式，干法是直接包围混凝土框架柱，混凝土与型钢不发生联系。对于工期紧且结构要求相对简单的建筑工程来说，适合采用此类方法。湿法是使用乳胶水泥浆加固混凝土结构，采用环氧树脂进行灌浆，将混凝土框架柱与型钢充分地联系起来，在混凝土与角钢之间保留一点操作空间，便于混凝土浇筑作业。在进行混凝土结构框架柱的加固施工中，湿法的应用效果优于干法。工程建设企业需要根据项目的类型和实际要求制订相关的加固方案，选择最适合混凝土结构工程的加固方法。

（四）混凝土结构工程加固施工技术的注意事项

明确混凝土结构工程加固施工技术的要求，掌握其注意事项，通过修复、补强等加固方法，达到提高建筑物承载力、提升建筑物使用性能等要求。要充分了解原有混凝土结构工程的施工条件，选择最适合的混凝土结构工程加固施工技术，全面提高工程质量，达到要求的质量标准。

1. 外包钢加固法

外包钢加固法重视对混凝土结构工程表面的处理，包括处理结合面、钢板贴合面。采用外包钢加固法中干式加固法的施工技术时注意打磨混凝土的表面，保证其表面平整，利于后续的加固操作。应用外包钢加固法中湿式加固法的施工技术时需要注意在混凝土表面和型钢上涂抹环氧树脂化学灌浆，随后进行除锈操作，再进行加固施工作业。

2. 预应力加固法

混凝土结构工程预应力加固主要包括预应力拉杆加固和预应力撑杆加固两种方法。使用预应力拉杆加固法时，需要调直拉杆，准确进行拉杆的安装，确定拉杆的尺寸是否符合混凝土结构工程的要求。使用预应力撑杆加固法时，需要检查撑杆末端的构件质量，注意构件之间的焊接缝隙，预应力撑杆的两端需要用螺栓进行固定，随后填灌水泥浆，涂防锈漆，才能完成预应力加固法在混凝土结构工程加固施工中的全部操作。

3. 混凝土构件外部粘钢加固法

混凝土构件外部粘钢加固法耗费的工期较短，操作简单，使用混凝土构件外部粘钢加固法能获得理想的加固效果，且具有极佳的耐久性，在日常生活中进行施工产生的负面影响不大。需要将混凝土和钢板的表面清理干净后再进行加固。对于黏合面严重受损的混凝土构件，需要使用高效洗涤剂冲洗，清除粉尘，保证黏合面的平整和干净。观察钢板表面的锈蚀情况，使用砂轮机等机械进行打磨，还原金属板的光泽度。选择合适的胶黏剂，注意胶黏剂的配比，以期达到最佳的固化效果。充分搅拌配比合格的固化剂，保证混凝土构件粘贴面的饱满，避免在固化下的钢板有所扰动，保持混凝土结构构件的稳定性。

4. 改变结构传力途径加固法

改变结构传力途径加固法是指在混凝土结构梁的中间增设支点，起到改变结构传力途径的作用，最大化地提高混凝土结构构件的承载力。基于不同的增设支点的连接方式，需要采取针对性地加固操作，有套箍干式连接和湿式连接两种。采用套箍干式连接的方法，要求使用水泥砂浆坐浆，当支柱与型钢焊牢后，再用干性砂浆填实，不留任何缝隙。采用湿式连接的方法，常见的使用方法为微膨胀混凝土浇筑，清除浮渣，保持混凝土与支柱梁的湿润度。

五、混凝土结构工程施工裂缝处理

（一）混凝土产生结构性裂缝的原因

（1）原材料不合格。在工程建设中，混凝土出现裂缝，一般情况下原材料是否合格非常关键，因此需要重点控制。就目前的情况来看，主要原因是水泥选择方面。一些水泥在应用的过程中没有严格按照要求操作，同时施工之前也没有加强检查，从而使材料出现问题。施工单位在购买材料时没有高度认识到质量方面的重要性，从而造成混凝土不合格，埋下很大的质量隐患。对于混凝土的外加剂，也常常会出现不合规情况，同时包含一定的有害物质，很容易使混凝土出现质量不合格的情况。骨料太细，水灰比大也会造成混凝土裂缝。工程中应用的钢筋混凝土中钢筋直径及间距设计不合理，也会造成混凝土裂缝。

（2）在进行施工时，使用不当混凝土自身也容易出现裂缝问题。首先混凝土结构中配合比不当导致混凝土施工时出现较大的水化热现象，随着时间和温度的变化，结构工程逐渐出现裂缝。其次是受到钢筋混凝土在多个方向的载荷作用的影响，在这种影响下，混凝土容易产生很大的震动作业，从而出现裂缝。这种情况在工程完工后也容易出现，给建筑带来很大的安全威胁。最后就是外界环境中的一些因素，例如，在后续的混凝土养护工作中，所受到外界环境的变化、温度和湿度的变化等，都会产生混凝土结构裂缝。

（3）沉陷型裂缝。该种裂缝对于混凝土结构破坏程度最高，主要是土质承受能力的不均匀导致的。施工时，压力过大，超过了相应土质的承载力，使地面塌陷，由于地基各部分支持力不同，从而产生了沉陷裂缝，该种裂缝一般为纵向贯穿性裂缝，会直接对建筑的整体结构造成严重破坏，施工前未对具体地质进行分析便盲目施工往往是此类裂缝出现的重要原因。

（二）几种常见裂缝的控制方法

1. 收缩（干缩）裂缝的控制

收缩（干缩）裂缝主要在于控制湿度的变化，使结构、构件具有相对稳定的湿度。

（1）加强商品混凝土的早期养护，商品混凝土浇筑完成后，裸露表面应及时用草垫、草袋或塑料薄膜覆盖，并洒水湿润养护。在气温高、湿度低、风速大的天气及早覆盖、喷水养护，并适当延长养护时间。

（2）加强商品混凝土表面的抹压，但应注意避免过分抹压。

（3）采用密封保水方法，如在商品混凝土表面喷养护剂或覆盖塑料薄膜，使水分不易蒸发，或采用其他减少空气流动（如设挡风墙、罩）延缓表面水分蒸发的办法。

(4)预应力构件应及时张拉,避免长期堆放。

(5)适当选择配合比,避免水灰比、水泥用量、砂率过大,严格控制砂、石的含泥量,避免使用粉砂,以提高商品混凝土强度。

2. 温度裂缝的控制

预防结构受外部约束引起的商品混凝土温度裂缝,一般可采取以下技术措施。

(1)选用低热或中热水泥(如矿渣水泥、抗硫酸盐水泥、粉煤灰水泥)配制商品混凝土;在商品混凝土中掺加粉煤灰或减水剂;利用后期 90 d、180 d 强度以降低水泥用量和温升;在基础内预埋冷却水水管,通入循环冷水,将水化热导出;在厚大无筋或少筋大体积商品混凝土中,掺入 20%以下块石吸热,可节省商品混凝土。

(2)避开炎热天气及夜间浇筑商品混凝土;采用低温水拌制商品混凝土;对砂石进行冷水雾降温,或设置简易遮阳装置,以降低商品混凝土拌和物温度。同时采取薄层浇筑商品混凝土,每层厚度不大于 30 cm,加快热量散发,并使热量分布均匀。

(3)做好商品混凝土的保温、保湿养护,缓慢降温,充分发挥其徐变特性,削减温度应力;夏季避免暴晒,冬季采取保温覆盖,以免出现急剧的温度梯度;采取长时间养护规定合理的拆模时间,充分发挥商品混凝土的“应力松弛效应”;加强温度监测,及时调整保温及养护措施,控制商品混凝土内外温差不大于 25 ℃;商品混凝土拆模后,及时回填土,避免结构侧面长期暴露。

(4)大体积基础采取分层分块浇筑,合理设置水平或垂直施工缝,在适当位置设置后浇缝,以加快散热,减少约束程度。

3. 徐变裂缝的控制

(1)适当加大端头截面高度,配置承受水平力钢筋、放射式配筋或弯起构造筋(弯起方向平行于主拉应力)。压低预应力筋弯起角度,减少非预压区。

(2)支撑节点采用合适的连接,如采用螺栓连接,预留孔设橡胶垫圈、柔性连接等,以削减约束应力。

(3)构件吊装前应有一个较长的堆放时间,吊车梁的最后固定尽可能晚些(徐变 3 个月可达 60%,4 个月基本稳定,徐变半年可完成 70%~80%),使徐变变形在吊装前(固定前)完成大部分,此时商品混凝土具有较长龄期,强度也较高。

(4)预应力商品混凝土构件不要过早放张,以减少收缩徐变变形,提高抗裂能力。

4. 应力裂缝的控制

(1)加强施工中钢筋、模板、商品混凝土配料、振捣的质量控制检查,确保结构构件钢筋位置、安装支撑系统、支撑位置正确,商品混凝土强度达到要求。

(2)正确掌握拆模时间,避免过早拆模,敲击过重;严格控制施工临时堆载,构件堆放、运输、吊装时保持支承和吊点位置正确、稳定,避免振动、碰撞。

(3)避免直接在松软土或填土上支模或制作预制构件,周围做好排水并注意养护,避免水管漏水浸泡地基。

(4)预应力构件张拉或放张,商品混凝土必须达到规定的强度;控制应力应准确,不应超张,应缓慢放松预应力筋;胎模端部加弹性垫层(木或橡胶),减缓胎模角度,使构件回缩不被卡住。

(5)预应力吊车梁、桁架等构件端部节点处劈裂应力区全高增配箍筋或钢筋网片,并保证预应力钢筋外围商品混凝土有一定的厚度。

5. 施工裂缝的控制

(1)木模板浇水湿透,防止胀模将商品混凝土拉裂。采用翻转脱模时应平稳,防止剧烈冲击和振动,并应在平整坚实的铺砂地面上进行。

(2)预应力构件预留孔时管芯要平直,商品混凝土浇筑后定时(15 min 左右)转动钢管,抽管时间以手压商品混凝土表面不显印痕为宜,抽管时应平稳缓慢。

(3)胎模应选用有效的隔离剂,起模前先用千斤顶均匀松动,再平缓起吊。

(4)构件堆放按支承受力状态设置垫木,重叠堆放时,支点保持在一条直线上,同时做好标记,避免板、梁、柱构件反放。

(5)运输中,构件之间设置垫木并互相绑牢,防止晃动、碰撞。

(6)屋架、柱等大型构件吊装,应按规定设置吊点,吊装屋架等侧向刚度差的构件时,应用脚手杆横向加固,并设牵引绳,防止吊装过程中晃动、碰撞。

总之,建筑施工工程领域中,混凝土施工非常关键,是建筑整个工程项目能否通过验收的重要环节,所以针对当前大范围存在的混凝土质量难题,施工单位有必要给予高度重视,最大程度避免这类问题的出现。

第二节　模板工程

随着我国现代化建设脚步的不断进步,建筑行业得到了飞速的发展,由于建筑规模和范围的扩大,模板施工技术也得到了广泛的应用。实际施工过程中,模板施工还存在着许多不可控制的影响因素,导致整体模板出现坍塌,造成不必要的财产损失和质量问题。因此,国家对建筑工程中模板施工技术也提出了更高的要求和标准,以此全面提高整体建筑施工的质量和效率,提高施工人员和管理人员的综合素养与专业水平。

一、建筑模板技术概述

随着科技的进步,模板工艺技术不断推陈出新,基建行业的发展势必对模板工程的要求更加严格,这就需要在混凝土施工中对模板工程的设计更加精益求精。模板坍塌的现象在施工中时有发生,经研究发现,其原因多数是仅凭经验设置,盲目套用类似工程的做法,而不对模板工程的构造进行精准设计和受力计算,也没履行施工技术管理程序,所以在施工中强调模板和支架均应进行施工图设计,且经批准后方可用于施工的规定。

我国专家经过多次会议研究和论证,在 1994 年才提出建筑模板技术,并将其作为十项建筑业新技术之一推出,并广泛应用。模板工程在工程实践中为混凝土工程施工提供了可靠的安全和质量保障,在建筑施工各分项工程中是质量控制的重要环节,其主要表现在降低建设成本,缩短施工工期,保证施工安全和质量、满足设计规范要求,塑造混凝土结构外观等方面。随着城市化进程的不断加快,对建筑模板工程技术需要能够进一步完善和推出新技术。

二、建筑工程模板施工技术要点

（一）模板施工前的准备

在建筑工程模板施工之前，相关的工作人员就必须做好各种准备工作，进行精确地测量和加工，根据建筑工程的实际需求，计算出模板尺寸，从而对模板进行加工。同时，也要结合施工图纸，按照施工构件的尺寸对模板进行翻样，明确标注模板的顺序，进行科学合理的分类，避免模板在安装时出错。在相应的模板加工完成之后，也要确保模板表面的平整和紧密性，保证模板质量符合相关的施工要求和标准。在模板安装前也要涂抹相应的脱模剂，方便后期模板的拆除。比如，相关的施工人员必须利用经纬仪在建筑施工周边引出墙轴线和边柱，并根据各个轴线准确测量出所需要的标高。在放线时也应提前对模板安装现场进行清理，确保现场整体干净整洁。再结合相应的图纸测量出模板的中心线，为模板后续安装打下坚实基础。在所需安装模板的位置利用水平仪测出建筑物的水平标高，对模板的底部也要进行找平，避免在后期出现混凝土漏浆现象。在找平过程中也应利用水泥砂浆对模板的内部进行抹平，从而确保模板施工的平整度。

（二）混凝土的施工技术

在模板结构安装完成之后，就要进行混凝土的浇筑。相关的负责人必须明确个人责任，严格按照相关的要求和规定进行混凝土的浇筑，严格控制各个施工环节，加强对模板实时全面监测。同时，也要及时对各个构件之间的连接性以及钢管强度进行检查，一旦出现问题，要在第一时间进行处理或者是更换，为混凝土的浇筑打下坚实基础。在混凝土浇筑时，也应该按照相应的间距在模板上安装柱箍，避免在浇筑混凝土时模板发生变形。只有所有管理人员加强对各个环节的控制和监管，才能有效确保整体建筑工程的施工质量和效率，达到预期的目标，最大限度地提高模板施工技术的质量。

（三）模板的拆除

在后期进行模板的拆除时，必须首先确保混凝土强度已经满足施工及设计的相关要求，并且经过总工程指挥负责人同意后，才可以进行拆除。在拆除过程中，工作人员必须按照规定的顺序分段拆除，禁止出现大面积无序的拆除现象，把拆除下来的模板运送到指定位置进行集中堆放。同时，在进行地下室或者是其他基础模板的拆除过程中，首先要检查墙壁龟裂和松软的具体情况，在确保安全的前提下才可以进行模板的拆除。因此，相关的管理人员也要加强对模板拆除的管理和监督，确保整体模板拆除符合相关的要求，为后期建筑工程的质量提升打下坚实基础。

（四）高支模检查

高支模安装工作的后期，应积极开展模板检查工作，检查内容具体如下：测量模板中各构件几何尺寸、模板表面平整度和结构稳固性、各处立杆状态是否以落地杆为主、模板内分布杂物是否清除以及支架间契合度。高支模检查目的在于确保高支模安装中的问题得到及时发现和有效处理，为建筑工程在之后的施工中提供保障。

（五）高支模验收

建筑工程体系中，支撑系统尤为重要，该系统能够在一定程度上辅助高支模施工技术。搭设支撑体系的前期，积极开展与施工管理人员、施工人员之间的安全技术交底工作。高支模验收的具体审查内容主要有:测试高支模整体性能、详细查看单个支架,为各部分间良好契合度提供保障,注意相关质量检测标准,保障高质量的安装施工。完成模板支架搭设的后期,应注意开展自检工作,之后由相关主管部门进行查验,全部验收合格后方可投入使用。

(六)高支模拆除

需注意定期对凝结硬化后的混凝土进行试块强度检测,在该混凝土强度符合拆模强度后,方可拆模;而拆模过程应充分明确拆模顺序,优先拆除非承重部位模板,再将后安装的模板构件拆除;完成模板拆除工作后,方可拆除配套支撑结构。应记录并备份拆模具体情况,分类管理所拆卸的模板,将模板表面残留的浮浆清理干净,以便于模板的循环利用。

三、房建施工中模板质量控制

(一)模板质量控制

模板是进行现浇构件的基础单元,对于整体的工程质量有着直接影响,因此若是选择的模板缺乏足够的刚度、强度和稳定性,会导致整体的施工质量不达标。对于模板质量的控制需重点把握以下几点:其一,严控模板制作材料。在进行模板的前期加工时,需对模板制作进行全面的检查,若是发现其存在刚度不足、变形严重等方面的问题,应对其进行重新加工,避免投入使用后对整体工程质量造成影响。其二,模板的各项材料应保持干燥。在进行模板制作时,若是选择了含水率较高的材料,会在后期使用中发生模板变形,进而导致其构件尺寸受到影响。其三,严格遵循设计图纸与设计方案来进行模板制作,并在制作过程中选择专业技术过关的班组按照相关标准与规范来进行制作工作,且在制作后进行标注。其四,在施工前对所有的模板进行复检,保证各个模板皆处在良好的备用状态,并在进行安装时拼接严密。其五,在行业内比对分析,挑选固定材料厂商,达成长期合作,对材料厂商的各类资质进行细致的检查,确保其生产出合格的原材料以供使用,同时避免不断更换材料厂家带来的材料质量不统一的问题。

(二)模板安装主控项目

(1)模板及支架用材料的技术指标应符合国家现行有关标准的规定。进场时应抽样检验模板和支架材料的外观、规格和尺寸。

(2)现浇混凝土结构模板及支架的安装质量,应符合国家现行有关标准的规定和施工方案的要求。

(3)后浇带处的模板及支架应独立设置。

(4)支架竖杆和竖向模板安装在土层上时,应符合下列规定:①土层应坚实、平整,其承载力或密实度应符合施工方案的要求;②应有防水、排水措施,对冻胀性土,应有预防冻融措施;③支架竖杆下应有底座或垫板。

(三)模板的吊装以及堆放

在模板进入施工现场前,针对其吊装过程必须采取科学有效的措施,防止模板之间发生碰撞。在模板的底部及时安装相应的槽钢并利用海绵条进行封堵,从而保护模板不会受到损伤。在拆除模板时,也要防止使用大锤进行敲击,避免对混凝土的表面产生一定的损伤,针对已损坏的模板要进行及时的处理和修复。进场的模板以及拆除下来的模板要进行及时的维护和处理,在模板上方加以覆盖,防止模板和其他硬物发生碰撞,提前做好模板的保护工作,禁止将抛弃的钢筋废料或者其他杂物堆在模板上,从而导致模板表面受到损坏。同时,模板在切割完成后必须在切割面涂刷防水材料,从而最大限度地避免雨水进入导致模板发生变形。拆除下来的模板也要做好相应的清洁工作,采取合理专用的清洁剂进行处理,避免利用磨砂机进行抛光或者是磨光,在清理完成后,也要涂刷相应的保护剂,最大限度地提高模板的使用寿命。最后,针对一些在拆除过程中被损坏的模板,施工人员也要及时对损坏部位进行整修,然后再涂刷相应的防水材料,实现模板材料的循环利用,最大限度地降低企业的资源消耗和施工成本,在确保整体建筑施工质量的前提下,提高企业的经济效益和社会效益,促进我国建筑行业的长远稳定发展。

(四)加强监督管理力度

建筑工程施工过程的关键环节就是监管,值得注意的是,因建筑工程项目的不同,其标准及要求方面也会有差异,所以监管工作也要有针对性的开展。监管高支模施工技术应用时,首先查看高支模的施工方案,其次方案要经过专家论证,论证合格后才允许进行下一步施工。

(五)开展技术人员培训

高支模施工技术应用要求相关施工技术人员有较高的专业知识及技能水平。为确保施工人员的技术水平能够与时代同步发展,需要在建筑工程中定期培训施工人员,帮助施工人员提高技术水平及实操能力,确保施工水平能够与高支模施工要求相符合,在具体培训环节,应积极开展安全教育工作,增强施工人员安全意识。

(六)模板工程质量检验

模板安装完成后,浇筑混凝土前由项目技术负责人组织有关人员进行模板工程施工验收。验收包括以下内容:

(1)模板安装是否符合该工程模板设计和技术措施的规定。

(2)模板的支承点及支撑系统是否可靠和稳定,连接件中的紧固螺栓及支撑扣件紧固情况是否满足要求。

(3)预埋件的规格、数量、位置和固定情况是否正确可靠,应逐项检查验收。

(4)必须按《建筑安装工程质量检验评定标准》的规定,进行逐项评定模板工程施工验收。

(5)支架模板设计上施工荷载是否符合要求。

(6)在模板上运输混凝土或操作是否搭设符合要求的走道板。

(7)作业面孔洞及临边是否有防护措施。

(8)垂直作业是否有隔离防护措施。

验收合格后方可浇筑混凝土,并做好模板工程施工验收记录。

总之,混凝土结构尺寸及观感效果与模板工程的质量息息相关,因此从质量、安全这两个方面入手来提高模板工程的施工质量,已成为一项必要的工作。这不但要求监理切实掌握施工方所报送的具体方案,还要求其掌握施工的各相关要求,以及后续的验收标准及方法。

第三节 钢筋工程

钢筋工程是建筑施工中的重中之重，目前在建筑施工中得到了越来越广泛的应用。钢筋的制作与绑扎质量决定了建筑结构的质量。钢筋与混凝土的关系是密不可分的，它们在建筑领域发挥各自的作用。从材料的物理力学性能来讲，钢筋具有较强的抗拉强度，而混凝土具有较高的抗压强度，抗拉强度却很低，但是两者的弹性模量较接近，还有较好的黏结力，这样既发挥了各自的受力性能，又能很好地协调工作，共同承担结构构件所承受的外部荷载。

一、建筑钢筋工程施工的重要作用

就目前而言，建筑钢筋工程在保证建筑工程施工质量和提升工程建设效益方面发挥了十分重要的作用。

（1）随着高层建筑工程数量的增加，建筑工程施工规模进一步扩大，延长了工程施工周期，增加了工程施工的复杂性。钢筋工程作为基础工程，其内部构造和骨架对整个工程的稳定性产生十分重要的影响，有效延长了工程建设的寿命，保证了建筑工程的实用性，推动了当前建筑工程行业的良性发展。另外，在钢筋工程建设施工过程中，由于受到传统管理模式的影响，无法从整体上控制工程施工质量，消除周围的危险因素，降低了工程施工质量管理的针对性和有效性。因此，施工单位需要严格施工组织计划标准，控制实际的施工进度，加强施工过程的质量监管，优化整个施工工艺流程，提升工程建设的质量效益。

（2）建筑钢筋工程施工能够提升施工单位的核心技术，增强竞争力，保证当前建筑工程施工的安全与质量。为了获得更多的中标工程，施工单位要不断总结之前的钢筋施工存在的不足，然后依托当前建筑工程行业发展趋势，分析建筑工程市场出现的新特点，对传统的钢筋工程结构进行更新换代，摆脱传统工程施工管理模式的束缚，提升施工质量管理的针对性和有效性。在当前建筑市场竞争日益激烈的前提下，作为建筑工程施工单位，需要结合自身实际情况，通过提升自身的核心技术，加强新技术的应用与普及，消除潜在的安全隐患，满足当前建筑工程迅速发展的要求，不断提升工程建设施工单位的核心竞争力。

二、建筑钢筋工程施工技术要点

（一）钢筋原材料进场检验

成型钢筋进场时，应抽取试件作屈服强度、抗拉强度、伸长率和重量偏差检验，检验结果应符合国家现行相关标准的规定。

对由热轧钢筋制成的成型钢筋，当有施工单位或监理单位的代表驻厂监督生产过程，并提供原材钢筋力学性能第三方检验报告时，可进行重量偏差检验。

检查数量：同一厂家、同一类型、同一钢筋来源的成型钢筋，不超过 60 t 为一批，每批中每种钢筋牌号、规格均应至少抽取 1 个试件，总数不应少于 3 个。

检验方法:检查质量证明文件和抽样检验报告。

(二)钢筋加工

钢筋加工过程应以施工标准为主,对原材料做出标准加工处理。因此,钢筋加工期间,施工人员务必严格基于设计图纸与有关规范标准,以此完成合理操作。配筋单上,应由主要负责人审批,方可进行加工操作。同时,需合理选择加工区域,避免对施工产生干扰,并保证运输方便。钢筋加工操作由专门人员负责,施工人员仅需保证尺寸规格无误,符合设计标准即可。此外,对原材料、成品应当采取分类存放,并做出标识。

(三)保护层垫块加工

针对建筑主体,为确保可以有效扩大承压面积,钢筋工程施工期间,梁底、墙底与平板等位置,会设置相应的钢筋保护层垫块,安装位置、厚度方面,也有着严格标准,且安装完成后,还需采取必要的质量检测。基于工程标准,所对应的厚度也各不相同。因此,保护层垫块铺设期间,务必保证足够的精确度,并采取合理设置,避免对梁、板等质量产生不利影响。

(四)止水板位置确定

止水板两侧位置,对钢筋进行设置期间,需预留合理长度,为后期切断提供基础保障,同时,保证焊缝质量,达到标准规范要求,完成预止水板焊接。此外,楼梯钢筋柱、剪力墙箍筋等,均需遵循设计标准,位置、数量保证同具体标准需求相符。对于楼梯部分,在钢筋设置期间,需对底板锚固加以重点考虑,保证良好的坚实性。有关龙骨箍筋,则需保证墙柱位置合理准确,以此为钢筋工程施工提供可靠保障。

(五)绑扎和安装钢筋

钢筋安装、铺设需严格以设计图纸为准,对是否达到设计标准进行严格检测,成品尺寸同样需准确核对,方可实施具体操作,并对如下方面予以重点关注。

第一,钢筋直径各不相同,所使用绑扎铁丝也各不相同。直径标准不超过 10 mm,可选用 22#铁丝,以此完成绑扎施工;直径标准超过 12 mm,可选用 20#铁丝,以此完成绑扎施工。第二,钢筋绑扎施工以基础、柱、梁、板、墙等为主。对于基础部分,双向主筋对应钢筋的交叉点需保证扎牢,而中间部分区域间隔扎成梅花式,同时,相邻绑扎点的铁丝扣绑扎应以八字形为主。当基础底板采用双层钢筋网时,应加以合理规划,明确有关上下层钢筋具体尺寸参数等,为施工提供基础保障。通常情况下,上层钢筋网下部位置存在相应的撑脚,弯钩方向应向下。针对独立柱基础钢筋,需重点分析弯曲位置受力情况,基于设计方案,并结合具体情况,完成捆绑处理,其中短向钢筋需位于长向钢筋上部,便于开展施工,保证钢筋工程良好的承载力。对于柱子,竖向钢筋和箍筋转角的交叉点部位,应当保证扎牢,且竖向钢筋的弯钩方向以柱心方向为主。针对角部钢筋弯钩平面,同模板面之间所形成夹角,若为矩形柱,标准为 45°,截面相对较小柱,插入振动器的情况下,夹角标准需超过 15°。箍筋接头应当保证错开,铁线扣绑扎形式以八字形为主,确保钢筋绑扎牢固。与此同时,针对上层柱钢筋连接和下层柱竖向钢筋露出部分,应当通过钢筋或柱箍有效处理。

对于剪力墙,钢筋绑扎施工较为复杂,主筋标准较为严格,垂直度控制同样有着严格要求。钢筋存在 180°弯钩的情况下,弯钩需保证朝向混凝土内。若为双层钢筋网,需使用撑铁,对钢筋加以有效固定,保证上下层钢筋距离标准合理。

针对梁、板部分,绑扎施工相对简单,同基础绑扎较为相似,双向板交点位置需采用满绑方式。此外,梁、板钢筋绑扎安装期间,若纵向受力钢筋为双层或多层排列情况,两排钢筋之间应垫以直径 25 mm 的短钢筋,若纵向钢筋直径超过 25 mm,则短钢筋直径应当与纵筋直径保持相同。

(六)接长钢筋

针对钢筋工程,钢筋接长处理较为常见,通常以机械接长方式为主。对于水平筋,可通过对焊与电弧焊的方式,完成钢筋接长处理;对于竖向筋,则以电渣压力焊方式为主,完成钢筋接长处理。针对电渣压力焊,操作方式明显更加复杂,对工艺有着严格标准,务必严格控制。

(七)机械连接技术

第一,钢筋本身要求。对于接长钢筋,以机械连接技术为主,务必严格保证钢筋本身质量,避免出现不必要的质量问题。第二,针对机械连接技术,涉及套筒钢筋挤压操作,标准较为严格,应由专业人员负责完成规范操作。同时,实施操作前,仔细检查有关设备,为施工质量提供可靠保障。挤压操作期间,挤压机需同钢筋轴线保持垂直,挤压方向由中间向两边,且两个放线按顺序操作。挤压前,有关准备工作具体包括:彻底清理钢筋接口存在的杂物,保证接头位置干净清洁;检查套筒实际尺寸,并提前试用,检查是否符合使用要求,以此保证正常操作不受影响;钢筋连接口位置,准确定位并设置清晰标志;检查套筒挤压设备有无异常和损坏等。

(八)钢筋预留及预埋铁件

基于审定之后的设计图纸,结合设计标准,预留相应的洞口,对于洞口四周需合理设置钢筋网片,混凝土浇筑之前,应当完成埋置工作。同时,钢筋或铁件埋置应符合设计、规范等要求,并稳定固定,避免混凝土浇筑期间移动。混凝土浇筑结束后,仔细检查并清理干净,对成品、半成品做好有效保护。对于梁、柱部分,钢筋绑扎完成后,严禁随意踩踏;对于梁、板部分,钢筋绑扎安装完成后,应当重点做好保护。混凝土浇筑期间,安排专门人员负责护筋。钢筋接头应避免设置于梁端、柱端位置,应当置于受力相对较小的位置,同时相同钢筋全长不宜存在过多接头,接头数控制不超过50%。

(九)成品保护

第一,妥善保护加工成品。各成品批量加工完成后,应当轻抬轻放,避免造成钢筋变形等问题,堆放存储期间,摆放整齐,避免雨淋,设置清晰标识。第二,钢筋绑扎成型,采取重点保护。目前,大部分施工单位,对于通道口、卫生间与阳台等部位,面层钢筋并未采取妥善保护。如阳台部分钢筋绑扎之后出现严重问题,究其原因主要为钢筋绑扎完成、混凝土浇筑施工前,出现严重踩踏情况。此外,应合理设置垫块,厚度应符合设计标准。第三,混凝土浇筑期间,重点保护钢筋成品,随时查看浇筑过程,以防发生位移等情况。与此同时,需合理设置浇筑通道,浇筑结束后对残浆进行仔细清理。

三、建筑钢筋工程施工质量问题分析

对建筑钢筋工程施工而言,在各种不利因素的共同作用下,影响了具体的施工进度,出现了各种问题。

(1)在具体建筑钢筋工程施工中,由于施工人员没有严格按照施工技术标准进行施工,钢筋搭接长度满足不了实际质量规范要求。主要由于有的施工单位为了降低工程投资成本,存在偷工减料的问题。另外,施工人员没有严格按照施工操作规范进行施工,经常出现操作失误,导致钢筋安装出现位置错乱的问题,再加上绑扎过程没有进行全面的监管,经常出现长度不一致的问题,从而影响了工程建设的施工质量。

(2)钢筋位置选择不合理,导致钢筋制作质量低下,在梁主筋的位置,钢筋绑扎不到位。并且在钢筋交叉施工过程中,主筋位置不合理,从而影响了工程建设的整体质量。另外,在整个建筑钢筋施工过程中,施工单位没有做好成品保护工作,导致已完成工程遭到破坏,钢筋位置出现偏移,从而影响了工程建设的整体质量,使得钢筋受力构件满足不了实际的设计标准和要求。

(3)钢筋保护层出现不均匀的问题,主要原因为:①主筋位置设计不合理,使得主筋保护层设计满足不了工程建设的实际标准。②混凝土中的负弯矩钢筋受到周围不良因素的影响,超出了实际规范的要求,再加上施工人员综合素质比较低,无法站在钢筋工程整体施工角度,对施工过程进行控制与管理,导致负弯矩钢筋施工满足不了工程建设施工标准。③垫块的质量满足不了工程建设的质量标准,受到荷载力的影响,导致垫块被破坏,不能发挥钢筋保护层的重要作用,影响整体工程建设的施工质量。因此,进行钢筋保护层施工过程中,施工单位要结合设计标准和要求,加强对施工过程的控制,保证施工质量。

(4)在进行钢筋工程施工过程中,对钢筋节点处理存在不当的问题,从而影响了建筑工程整体的施工质量,主要表现在梁与梁之间的节点存在处理不到位的问题等,从而降低了工程建设的质量。因此,施工单位要提升施工人员的质量意识和安全防范意识,加强对钢筋节点的控制,采取合理的处理方法,有效提升钢筋工程施工质量,发挥钢筋工程在整个建筑工程施工过程中的重要作用。

四、钢筋施工的质量检查及验收

针对钢筋材料,需附带相应的“三证”,由专门人员严格检查,并对材料进行科学检验,符合标准要求后方允许进场。材料进场之后,需分类堆放,并设置清晰准确的标签,注明有关基本信息,抽检期间,甲方、监理等应当在现场监督,检验结果符合标准要求后方允许使用。

针对施工单位而言,技术人员需基于设计图纸、标准规范等,科学准确地完成计算下料。同时,施工单位同样需组织有关人员,完成必要的技术交底工作,具体绑扎安装施工期间,以一面顺扣式为主。基础、梁、板、柱等绑扎施工,由于施工较为复杂,需对钢筋穿插就位顺序以及同其他工序配合等进行综合考虑,避免对正常施工产生不利影响。绑扎施工期间,保证钢筋交叉点扎牢,中间部分绑扎,应当相隔交错扎牢,相邻绑扎点,其铁丝扣应以八字形为主。钢筋绑扎完成之后,质检人员应当基于规范、设计等要求,连同甲方、监理等,共同完成严格检查,确保合格的情况下,方可开展后续施工工序。

钢筋绑扎结束后,重点检查钢筋级别、数量、间距与直径等基本参数,是否与设计保持一致。同时,对钢筋锚固、箍筋端头等,由监理站、质检站等共同完成严格验收,充分保证钢筋工程整体质量。

五、建筑钢筋工程施工技术应用策略

(一)做好事前准备工作

钢筋工程施工技术应用,务必做好事前准备工作。第一,制定科学可行的管理制度,明确管理人员具体职责。基于责任划分机制,针对技术应用质量把控职责,采取科学细化,并加以严格有效落实,确保全体人员均能够保持良好的积极性,以防出现施工问题时,彼此之间互相推诿。第二,重视技术交底。针对钢筋工程,所涉及施工技术相对较为成熟,不过技术应用质量同样需保持高度重视,并采取严格控制措施。第三,重视岗前培训。对施工人员采取必要的教育培训,确保其技术操作过关,责任、质量意识较强。第四,重视材料质量把控。材料质量是影响工程质量的关键因素,可通过 RFID、二维码等技术,对材料进行全过程质量把控,为工程质量提供可靠保障。同时,构建严格的进度管理机制,为材料质量把控提供基础保障。

(二)优化施工作业方法

房屋建筑工程中钢筋工程施工技术运用,需重点关注施工工艺,并对此进行科学优化,有效提高施工水平,为钢筋工程施工质量提供可靠保障。所以,技术人员、施工人员等需依托自身专业优势,以现有钢筋工程施工技术为基础,对存在的技术难题进行深入分析研究,有效提高钢筋工程施工技术水平,充分保证施工质量与安全性,以此为钢筋工程提供可靠保障。

(三)重视质量检测

第一,制订科学严格的质量检测方案。基于钢筋工程各环节对应的特点,科学合理制订质量检测方案,为后续质量检测提供基础依据。第二,优选检测方法。现阶段,钢筋工程施工质量所涉及的检测方法较为多样,若想保证质量检测的全面性和完整性,需重点关注检测技术,并对此加以有效运用,务必重视检测把关,充分保证检测结果的有效性和真实性。第三,严格落实执行质量检测方案。钢筋工程施工质量检测环节需基于应用质量检测方案,确保各项工作的有序推进,并重点做好全过程质量把控,以此为质量目标提供可靠保障。

综上所述,在房屋建筑工程中,钢筋工程作为关键分项工程,其质量直接关系房屋建筑工程质量。为充分保证工程质量,需重点关注钢筋工程施工技术,对此加以科学运用,熟悉掌握施工技术要点,充分发挥施工技术所具有的关键作用,充分保证钢筋工程质量,为房屋建筑工程质量提供可靠保障,以此推动房屋建筑工程顺利实施。

第四节　混凝土工程

在建筑工程施工中,混凝土的应用非常广泛,不管是钢筋混凝土结构还是砖混结构的建筑,都离不开混凝土。而混凝土质量的好坏,既对建筑结构的安全,也对建筑工程的造价有很大影响,因此在施工中必须对混凝土的施工质量有足够的重视。由于环境保护的要求,严禁在施工现场拌制混凝土,所以在本节第五部分把《河南省预拌混凝土质量管理

规定》全文附后。

一、对混凝土拌和物的要求

(1)预拌混凝土进场时,其质量应符合现行国家标准《预拌混凝土》(GB/T 14902)的规定。

(2)混凝土拌和物不应离析。

(3)混凝土氯离子含量和碱总含量应符合现行国家标准《混凝土结构设计规范》(GB 50010)的规定和设计要求。

(4)首次使用的混凝土配合比应进行开盘鉴定,其原材料、强度、凝结时间、稠度等应满足设计配合比的要求。

(5)混凝土拌和物稠度应满足施工方案的要求。

(6)混凝土有耐久性指标要求时,应在施工现场随机抽取试件进行耐久性检验,其检验结果应符合国家现行有关标准的规定和设计要求。

(7)混凝土有抗冻要求时,应在施工现场进行混凝土含气量检验,其检验结果应符合国家现行有关标准的规定和设计要求。

二、影响混凝土施工技术的因素探讨

(一)配制混凝土的比例

在混凝土的配制过程当中,常常会因为混凝土生产者的生产技术存在局限性或者混凝土生产者责任意识的不完善,而使生产出来的混凝土存在着质量上的问题,难以满足现代土木工程混凝土施工的需要。所以,对于生产的混凝土的配制比例,要在国家安全规定的范围内进行严格的要求。通常情况下,混凝土的强度对于进行土木工程建筑竣工后的质量产生了重要影响。而混凝土强度的大小取决于混凝土生产者进行混凝土施工过程的配合比,因而对于混凝土施工过程中的配合比应该在国家安全规定的范围内,尽可能地保证其科学性、合理性以及准确性。

(二)拌制混凝土

在土木工程的实际施工过程当中,往往会出现混凝土施工人员没有对拌制混凝土的材料进行控制以及重复核算的情况。在拌制混凝土的过程中,常常会因为混凝土拌制人员本身技术上的局限性以及对混凝土拌制科学性的理解不当,致使加入的水过多。过量地加入水拌制后的混凝土,本身残留的多余水分会在混凝土硬化以后形成水泡。蒸发的水泡将使混凝土产生许多气孔,继而大幅度降低混凝土的强度。所以,对于拌制混凝土,需要在合理并且足够科学的范畴内控制好混凝土拌制的时间及所加入混凝土拌制水分的多少。

三、混凝土工程技术的应用探讨

(一)混凝土拌和

在确定材料之后,应该对其进行取样,然后交由相应的实验室来进行配比的设计,避免采用经验配比的方法,避免少配、错配、漏配等影响混凝土质量的事件发生。然后应该对适配完成的混凝土进行性能的检测,然后才能进行大量的拌和。在施工中应经常对骨料的含水率进行检测和调整。

(二)混凝土运输

在对混凝土进行运输的时候应该按照形势采取不同的运输方式,如垂直运输一般采用提升架、起重机等运输,现场搅拌的时候采用手推车、小型翻斗车等进行运输,在楼面上多用手推车进行运输等。在运输过程中,应保证混凝土的均质性,以免混凝土的流动性降低或者产生离析、砂浆流失、泌水等现象,为了保证最短的运输时间,使其在初凝之前就浇筑完毕,应该尽量减少周转次数。

(三)混凝土浇筑

浇筑混凝土时,应分段分层进行,每层浇筑高度应根据结构特点、钢筋疏密决定。一般分层高度为插入式振动器作用部分长度的 1.25 倍,最大不超过 500 mm。平板振动器的分层厚度为 200 mm。开动振动棒振捣,手握住振捣棒上端的软轴胶管,快速插入混凝土内部,振捣时,振动棒上下略为抽动,振捣时间为 20~30 s,但以混凝土表面不再出现气泡、不再显著下沉、表面泛浆和表面形成水平面为准。使用插入式振动器时,应做到快插慢拔,插点要均匀排列,逐点移动,按顺序进行,不得遗漏,做到均匀振实。振捣上一层时应插入下层混凝土面 50~100 mm,以消除两层间的接缝。平板振动器的移动间距应能保证振动器的平板覆盖已振实部分边缘。浇筑混凝土应连续进行。

(四)混凝土振捣

浇筑后应及时地对混凝土进行振捣,振捣的作用是使混凝土能充满模板的每个角落,使其获得最大的均匀度和密实度。振捣分为机械振捣和人工振捣两种,一般只有工程量小或者采用塑性混凝土的时才会使用人工振捣的方法。振捣过程中应该快插慢拔,均匀地选择插点的位置,以防出现漏振的情况。在插入振捣棒时,应使其进入下层混凝土中,以免在两层混凝土中间出现缝隙。在一个插点应该持续振捣 20 s,以表面无下沉、无气泡、无泛浆或者水平为宜。

(五)混凝土养护

混凝土早期养护,应派专人负责,使混凝土处于湿润状态,养护时间应能满足混凝土硬化和强度增长的需要,使混凝土强度满足设计要求。注重浇筑完毕后养护混凝土主要是保持适当的温度和湿度。保温能减少混凝土表面的热扩散,降低混凝土表层的温差,防止表面裂缝。混凝土浇筑后,及时用湿润的草帘、麻片等覆盖,并注意洒水养护,适当延长养护时间,保证混凝土表面缓慢冷却。在寒冷季节,混凝土表面应设置保温措施,以防寒潮袭击。混凝土表面的养护要求为:塑性混凝土应在浇筑完毕后 12 h 内开始洒水养护,低塑性混凝土宜在浇筑完毕后立即喷雾养护,并及早开始洒水养护;混凝土应该连续养护,养护期内必须确保混凝土表面处于湿润状态;混凝土养护时间不宜少于 14 d。

四、混凝土工程施工问题与对策

为保证建筑较长的使用寿命及使用安全性,必须关注其混凝土结构的质量问题。在混凝土工程中,有诸多影响因素会导致混凝土工程施工质量出现问题,裂缝、孔洞等质量问题都会让混凝土结构整体强度发生变化,使建筑的使用寿命明显下降。根据工作经验和相关研究总结得出，引起混凝土质量问题的主要原因在于浇筑过程中混凝土温度的剧烈变化，施工中没有严格遵照施工方案、施工工艺的要求进行操作，没有完善的施工管理与质量控制对策，就会让建筑工程施工质量受到影响。

（一）混凝土工程中常见的施工质量问题

1. 混凝土结构表面裂缝和孔洞

在建筑的混凝土工程中，经常出现的质量问题之一就是混凝土结构表面存在裂缝和孔洞。而造成这种质量问题的主要原因在于，在进行混凝土浇筑施工前，没有对模板做好处理，模板的内侧没有涂抹相应的隔离剂，隔离剂涂抹但没有保证隔离剂涂抹均匀，在此基础上进行混凝土浇筑，就会导致混凝土与模板之间产生粘连，让混凝土的凝结受到影响，也可能掺杂一些杂质，进而使混凝土结构表面的光滑程度受到影响。另外，在安装模板时，施工人员没有做好对模板安装质量的检查工作，模板之间连接状态较差，紧密性没有达到混凝土浇筑的施工标准，在这种条件下进行混凝土浇筑施工，混凝土未凝固前就会从模板之间的缝隙处渗漏出来，也就是建筑行业中常说的漏浆问题，若混凝土浇筑时出现漏浆问题，待混凝土凝固后就会在漏浆处出现结构的缺损或孔洞。最后就是在进行混凝土浇筑的过程中，施工人员没有做好对混凝土砂浆的充分振捣，振捣位置不正确，振捣时设备振动频率不合理，都会导致混凝土浇筑质量变差，使混凝土结构出现裂缝和孔洞。

2. 混凝土材料混合不均匀，导致结构强度不满足设计要求

在混凝土浇筑过程中，需要通过控制砂浆的灌注速度、振捣速度、频率等操作，保证混凝土浆料的混合均匀，这样才能让混凝土结构强度都达到施工标准。而如果在施工过程中没有做好这些工作，就会导致不同部位的混凝土结构强度出现明显差异，进而使混凝土结构的整体强度受到严重影响。由于建筑物的体积较大，混凝土结构不能通过一次性浇筑来构建，如果混凝土内部结构强度节点不能保持在同一个强度水平基础之上，就会出现混凝土浇筑的施工质量问题。但是在实际施工中，受到混凝土浆料供应不及时或其他因素的干扰，很难通过分批次的集中浇筑来保证混凝土结构中各强度节点的强度一致，这对施工方的施工技术水平与施工经验都是一个较大的考验。

3. 混凝土结构开裂和夹层问题

在进行混凝土浇筑时，不同批次所使用的混凝土水泥性质与质量如果出现差异，也会带来一定的质量问题，进而使混凝土结构的整体效果受到负面影响，施工质量也难以达到预期的标准。混凝土浆料性质发生变化，其凝结速度与凝固收缩效果也会有明显的差异，这也是造成混凝土结构开裂和夹层的主要原因。而混凝土浇筑施工完毕后，需要控制混凝土砂浆的水分散发速度，延缓混凝土的凝固速度，有助于保证最终的良好浇筑效果。因此，在混凝土浇筑后必须做好养护工作，通过对混凝土结构的遮盖、定时的补水，就能减少混凝土开裂、夹层等质量问题的发生。值得一提的是，在混凝土工程中，一些项目为了控制施工成本，提高企业利润，还采用了粉煤灰混凝土或细度模数较低、掺有大量添加剂的强度混凝土材料，这都会对混凝土结构造成负面影响，更易产生混凝土结构破裂、内部夹层等质量问题。

(二)解决混凝土施工质量问题的具体质量把控措施

1. 做好对混凝土浆料的质量把控

为了减少混凝土质量问题的发生概率,降低混凝土裂缝、孔洞等质量问题对混凝土主体结构的不良影响,在混凝土工程的前期准备阶段,就要做好对混凝土浆料的质量把控工作。混凝土浆料主要组分为水泥、砂、添加剂、掺和料以及水等原材料,在采购这些原材料时要检查材料的出厂质量检验证明、产品合格证等证明文件,同时做好对材料的抽检,在此基础上,采购人员还应做好对建材市场的调查,通过对比多家供应商所提供的产品,从中选择能够符合施工标准、性价比高的供应商。而在对混凝土原材料的质检工作中,首先就要对其强度、耐久性以及工作性进行检验,水泥的品种与强度等级都能满足设计方案提出的要求才能投入施工作业使用。在检验砂、碎石料这些粗、细骨料时,必须确保这些材料的级配、压碎值、针片状颗粒含量、含泥量和泥块含量等重要参数进行检验。

2. 做好对混凝土浇筑过程中的温度控制

1)水泥水化热的控制

混凝土浇筑后,受到水泥的水化过程的影响,会在混凝土结构内部产生较高的热量,而混凝土结构的断面厚度越高,其内部产生的热量就越难释放。同时,由于混凝土也没有较高的热传导性,在浇筑的初期,混凝土结构就会受到内部温度过高的影响,使混凝土结构的强度与弹性模量都处于较低的状态,当混凝土内部温度散发后,其弹性模量才会随着混凝土龄期的增加而提升。若混凝土内部温度对混凝土结构造成温度收缩约束影响,温度收缩引起混凝土拉应力过高,此时混凝土结构的抗拉强度不能抵抗其拉应力,就会在混凝土结构上产生程度不一的裂纹。为了降低水泥水化热效果对混凝土结构造成的影响,更好地控制水泥水化热效果,在选择混凝土原材料时就应该慎重选择水泥品种。在配制混凝土浆料时,可以通过控制混凝土砂石泥量,选用粒径较大的细骨料并添加减水剂与缓凝剂的方法,让混凝土浆料的水灰比得到改善,降低水泥水化热效果。通过合理地设计来减小混凝土断面厚度,这样有利于加快混凝土结构内部热量的散发,同时配合后浇缝施工技术,就能避免水泥水化热对混凝土整体结构带来的不利影响。

2)浇筑后养护工作中的温度把控

混凝土浇筑完毕后,需要进行养护,在养护工作中必须通过有效的措施来控制施工现场的温度与湿度,这样才能减缓混凝土内部水分的挥发速度,避免让混凝土内部的水泥材料出现剧烈的水化热反应。另外,也能延长混凝土的降温速度,让混凝土的性能得到更加充分的发挥。在混凝土浇筑后要在规定时间内拆除模具,并对混凝土表面喷施适量清水,在夏季要做好施工的遮阳工作,在混凝土板面铺设草帘、覆盖塑料膜,这样有助于混凝土的保湿,避免混凝土水分流失过快带来的材料性能方面的大幅下降。

3)通过分层、分段的浇筑施工方案消减温度应力

为了避免混凝土结构内部温度与结构外围温度存在较大差异,还可以采用分层、分段浇筑的施工方案进行混凝土浇筑施工,根据建筑结构的特点合理设置施工浇筑带,避免出现浇筑范围过大、长度过长的问题,这样就能保证混凝土结构强度的一致性,同时也能减轻混凝土水泥的水化热效果,进而减少混凝土水化热反应带来的约束力。

3. 加强混凝土浇筑施工的质量管理

为了保证混凝土工程的施工质量，在施工工艺方面就要根据实际情况进行合理选择。混凝土的浇筑施工可以采用分层浇筑及分层振捣的工艺，按照从下至上逐层浇筑的施工顺序来完成对混凝土主体结构的浇筑，确保混凝土浆料配制完毕并在初凝之前就浇筑完毕，浇筑的同时做好振捣工作，这样就能保证混凝土材料的均匀混合，进而减少施工缝的发生。根据工程项目的实际情况，对浇筑面积较大的施工区域，可以预留出后浇筑带，通过后浇筑带施工技术，混凝土结构可以分多次浇筑完成，当混凝土整体结构凝结形成后，再对后浇筑带进行混凝土浆料的灌注，进而让分段的混凝土结构连接成一个统一的整体，后浇筑带的预留可以有效解决混凝土凝固时可能出现的膨胀效应，避免因膨胀效应造成混凝土结构的变形，最终减少裂缝的产生。

(三)提高混凝土工程施工质量的管理策略

1. 做好对混凝土施工材料的质量管理

为了更好地保证混凝土工程的施工质量，避免混凝土施工材料质量问题带来的工程质量影响，必须从混凝土工程的源头，也就是从混凝土原材料入手，加强对这些原材料的质量管理。配置混凝土的原材料必须保证良好的品质，其中水泥材料更是不能过久存放，否则会导致水泥材料性质发生变化，进而降低混凝土的结构强度。另外，混凝土原材料的保存也有相应的标准要求，不可存放在潮湿、暴晒的环境中，粗、细骨料内掺杂的杂质过多、水泥受潮都会影响混凝土的性能，最终导致混凝土工程施工质量受到不良影响。而在采购混凝土原材料时，必须把好质量关、原材料采购关，同时还要做好施工前对材料品质的检验，验收合格后才能正式投入施工作业。

2. 严格管控混凝土的配制比例

在配制混凝土浆料时，必须严格遵循国家提出的安全施工标准，对混凝土的配制比设计也要根据施工标准以及工程项目实际要求合理设计。完成混凝土配置比设计工作后，还要进行多次的试验验证，确保浇筑成型的混凝土结构强度能够达到建筑工程项目对其强度、耐久性以及安全性的要求。在混凝土工程中，对混凝土配制比的计算需要由专业的技术人员完成，此时要将重点放置在对施工原材料重量与水用量的控制上，这样也能避免加水过量带来质量问题。

3. 注重对先进施工技术的引进

众所周知，各行业的生产技术是在不断更新换代的，只有不断引入先进的新技术，才能让我国的建筑工程施工水平不断提高。建筑企业要关注对新技术的应用研究与实践，在保证整个工程质量的前提下，注重革新施工技术，这对减少工程的成本、提升施工效率都是极为有益的。例如，在混凝土工程方面，当前比较流行的施工技术就包括 BIM 技术、整体成型装配技术等，确保这些技术的合理运用可为混凝土浇筑的施工技术水平带来显著的提升效果，同时也能为混凝土工程带来更多的设计思路与质量问题的解决方案。

综上所述，为了保证建筑工程中混凝土浇筑的施工质量，让建筑工程整体质量得到总体提升，必须关注混凝土浇筑施工中存在的质量问题，结合这些质量问题的产生原因，制定更有效的解决措施，加强质量管理。与此同时，要根据目前建筑行业的发展趋势，重视对先进施工技术的引入，进而让建筑企业能够更好地适应市场环境，提高企业竞争力。

五、河南省预拌混凝土质量管理规定

第一章 总 则

第一条 为加强我省预拌混凝土质量管理，确保建设工程质量，根据《中华人民共和国建筑法》《建设工程质量管理条例》《建筑业企业资质管理规定》等有关法律法规，结合我省实际，制定本规定。

第二条 在河南省行政区域内从事预拌混凝土生产、运输和使用活动，实施对上述活动的监督管理，适用本规定。

第三条 本规定所称预拌混凝土，是指由取得预拌混凝土专业承包资质的预拌混凝土企业生产、通过运输设备送至使用地点、交货时为拌和物的混凝土。

第四条 本规定所称预拌混凝土企业（以下简称混凝土企业）是指具有独立法人资格，已取得住房城乡建设主管部门颁发的预拌混凝土专业承包资质，在资质证书许可的范围内从事混凝土生产经营活动的企业。

第五条 本规定所称混凝土企业专项试验室（以下简称试验室）是指混凝土企业为满足质量管理和生产控制的要求，按照《河南省预拌混凝土企业专项试验室基本条件》（豫建〔2018〕12号）设立的机构。

第六条 省住房城乡建设厅负责全省预拌混凝土质量的统一监督管理。省建设工程质量监督总站受省住房城乡建设厅委托，具体履行相应监督管理职责。

县级及以上住房城乡建设主管部门负责本行政区域内预拌混凝土质量的监督管理。县级及以上住房城乡建设主管部门可委托所属的建设工程质量监督机构具体履行相应监督管理职责。

第二章 生产、运输管理

第七条 混凝土企业应在资质证书许可的范围内，严格执行《预拌混凝土》（GB/T 14902）、《混凝土质量控制标准》（GB 50164）、《混凝土结构工程施工质量验收规范》（GB 50204）、《混凝土强度检验评定标准》（GB/T 50107）、《普通混凝土配合比设计规程》（JGJ 55）等现行有关标准规范，严格控制生产质量。

第八条 混凝土企业应严格执行原材料进场验收制度，建立原材料进场检验台帐。所有原材料使用前，混凝土企业必须根据相关技术标准要求进行检验，检验合格后方可使用。

第九条 预拌混凝土原材料储存和使用应按照先进先出的原则，合理设计原材料储存位置和仓位。原材料须按照品种、规格分别存放，且材料品种规格应在明显位置标明。混凝土企业应采取有效措施防止变质和混料，并建立定期抽查、检查及记录制度。

第十条 预拌混凝土搅拌站（楼）必须符合《混凝土搅拌机》（GB/T 9142）和《建筑施工机械与设备混凝土搅拌站（楼）》（GB/T 10171）的规定。操作系统应能自动采集每盘混凝土各种原材料实际用量数据，并长期保存。

第十一条 首次使用的预拌混凝土配合比，应进行开盘鉴定。开盘鉴定由混凝土企业技术负责人组织，相关生产、检验、质量管理等部门人员共同参加，必要时建设、施工及监理单位技术人员可参加开盘鉴定，并做好相关记录。开盘鉴定合格后方可生产。

第十二条　预拌混凝土运输应满足以下规定：

（一）运输车在装料前应将筒内积水排尽；

（二）运输车在运送时应能保持混凝土拌和物的均匀性，不应产生分层离析现象，并能保证施工所必须的和易性；

（三）运输车在冬季应有保温措施；

（四）运输、等待和卸料过程中严禁在预拌混凝土中加水；

（五）混凝土拌和物从搅拌机卸出至施工现场接收的时间间隔不宜大于90分钟。如需延长运送时间，应采取相应技术措施，并通过试验验证；

（六）超过运送时间未卸料的或已初凝的预拌混凝土不得使用。

第三章　检验与验收

第十三条　预拌混凝土质量检验分为出厂检验和交货检验。

（一）出厂检验由混凝土企业负责。混凝土企业应按照《预拌混凝土》（GB/T 14902）的规定，按批次对出厂的混凝土质量进行检验，并及时出具《预拌混凝土出厂质量证明书》（见附件）。

（二）交货检验应在施工现场混凝土运输车卸料点进行。进场的每一车预拌混凝土交接检验均应由施工单位指定管理人员和混凝土企业指定人员共同参与，监理单位应指定旁站人员抽查交接验收过程，并将抽查情况记入旁站记录。

交货检验主要包括：

1. 查验预拌混凝土的类别、强度等级、数量和配合比；

2. 查验预拌混凝土的拌和时间，记录搅拌车的进场时间，计算运输时间；

3. 检验预拌混凝土的和易性，并做好记录。

第十四条　施工单位应按相关标准规范关于取样的要求，指定专业人员按照标准要求进行取样、制作、标识、标准养护和管理，用于检验预拌混凝土的强度、耐久性及长期性能。对涉及结构安全特别是用于承重结构的预拌混凝土，应严格实施见证取样和送检。

第十五条　混凝土企业应结合供货实际，及时向需方提交预拌混凝土出厂质量证明文件、原材料复试报告、混凝土配合比报告等质量证明材料。

第四章　质量控制

第十六条　混凝土企业应设立质量管理部门，负责企业的质量管理工作，主要内容包括：

（一）根据产品质量要求，制定原材料、生产过程、半成品、成品的关键控制点和内控技术指标，并检查落实；

（二）管理企业各种计量器具和装置；

（三）监督检查试验室生产配合比的验证、确定和使用情况；

（四）对有特殊要求的预拌混凝土产品的设计和开发进行全过程管控；

(五)规范保存混凝土配合比通知单、生产过程调整记录、混凝土配合比设定记录、生产前对计量设备的检查资料、混凝土计量偏差检查记录和生产过程计量等记录资料;

(六)负责质量事故分析,并协助相关部门进行调查处理。

第十七条　混凝土企业如对所供应的预拌混凝土浇筑和养护有特殊要求,应对施工单位作出书面技术交底,施工单位、监理单位应将交底文件存档,并按照交底要求组织施工、实施监理。

第十八条　施工单位应根据预拌混凝土的特点,按照有关规范确定浇筑及养护方案并严格实施,同时要确保模板和支撑有足够的强度、刚度和稳定性,并对施工质量负责。预拌混凝土进入施工现场卸料点后,施工单位严禁加水,严禁将已经初凝的预拌混凝土用于工程。

第十九条　监理单位应结合实际,按照相关标准规范要求制定预拌混凝土监理方案,认真履行监理职责。

第五章　监督管理

第二十条　各级住房城乡建设主管部门要不断创新监管方式和方法,在加大巡查力度,增加抽查频次的同时,通过完善技术手段,建立监管信息平台,充分利用信息化手段,实现对预拌混凝土生产、运输和使用的全过程动态监管。主要监管以下内容:

(一)建设单位

1. 是否存在指定施工单位使用无资质或处于停业整顿期内的混凝土企业生产的预拌混凝土的行为;

2. 是否存在指定或暗示混凝土企业使用不合格材料、出具虚假质保书、篡改或伪造质保书的行为。

(二)施工单位

1. 是否存在未与混凝土企业签订采购合同的行为;

2. 是否存在采购合同中未载明预拌混凝土技术和质量内容或采购合同中载明的技术和质量内容违反相关规范、规程、标准的行为;

3. 是否存在未按规定对进场的预拌混凝土进行交货验收、见证取样、标准养护、见证送检的行为;

4. 是否存在浇筑、振捣、养护违反有关规范、规程、标准的行为;

5. 是否存在对进场的预拌混凝土加水、二次运转、二次搅拌,将已经初凝的预拌混凝土用于工程的行为;

6. 是否存在使用无资质或处于停业整顿期内的混凝土企业生产的预拌混凝土的行为。

(三)监理单位

1. 是否存在未对预拌混凝土交货检验及泵送、浇筑过程实施监理的行为;

2. 是否存在对交货检验流于形式,让不符合标准和合同要求的预拌混凝土用于工程的行为;

3. 是否存在发现重大质量事故隐患或发生质量事故,未及时要求施工单位整改或停止施工的行为；

4. 是否存在未依照法律、法规要求实施监理或因监理失职造成预拌混凝土质量事故的行为。

（四）混凝土企业

1. 是否存在未取得资质证书从事预拌混凝土生产经营的行为；

2. 是否存在使用不合格的原材料或使用已淘汰、禁用原材料的行为；

3. 是否存在未按照规范要求的批次及批量对原材料进行试验的行为；

4. 是否存在配合比设计不严谨或不按照设计配合比进行生产，偷工减料的行为；

5. 是否存在未按规定对计量设备、试验仪器进行检定或使用不符合要求的设备进行试验的行为；

6. 是否存在出具虚假试验报告、生产过程随意调整配合比、对检验样品弄虚作假、替代施工单位制作试件的行为；

7. 是否存在质量控制过程记录不齐全，技术资料未按规定归档的行为；

8. 是否存在未签订销售合同向使用单位供应产品的行为；

9. 是否存在质量管理部门或人员不到位或未能正常履职的问题；

10. 是否存在试验室人员、设施、仪器设备等不能满足《河南省预拌混凝土企业专项试验室基本条件》要求，不能满足混凝土企业质量管理需要的问题；

11. 是否存在质量保证体系不健全，无法保障预拌混凝土生产、运输、使用质量及试验室试验能力的问题；

12. 是否存在质量管理体系无法有效运行，流程运转不完整、签字手续不齐全、技术资料混乱、有关数据无法追溯等问题；

第二十一条 各级住房城乡建设主管部门对预拌混凝土生产、运输和使用情况进行监督检查时，有权采取以下措施：

（一）对混凝土企业质量管理体系运行情况进行检查，必要时可调取其相关文件和资料；

（二）组织试验能力验证；

（三）对预拌混凝土施工质量进行监督检查；

（四）对以下内容可跟踪见证抽检：

1. 预拌混凝土出厂、交货时的坍落度；

2. 预拌混凝土出厂、交货时留置试件的制作及强度检验；

3. 生产预拌混凝土使用的水泥、集料、水、外加剂、矿物掺合料的质量情况。

（五）对试验室人员的上岗资格和能力进行抽查；

（六）其他需要采取的措施。

第二十二条 对检查中发现的问题，各级住房城乡建设主管部门应责令限期整改。对拒不整改、限期整改仍不达标的企业，住房城乡建设主管部门可依据《工程监理企业资质管理规定》（建设部令第 158 号）、《建筑业企业资质管理规定》（住房城乡建设部第 22 号令）等资质管理规定对有关企业资质进行处理。因预拌混凝土质量问题造成工程质量事故的，由住房城乡建设主管部门根据《中华人民共和国建筑法》《建设工程质量管理条例》等有关法律予以处罚。省厅将建立曝光机制，定期向社会公布质保体系不健全和质量行为不规范的混凝土企业名单。

第二十三条　对混凝土企业生产活动中的违法违规行为，任何单位和个人均有权向住房城乡建设主管部门投诉或举报。接到投诉或举报的住房城乡建设主管部门，应按有关程序和规定进行调查取证，并根据查实的情况进行处理。

第六章　附　则

第二十四条　本规定由河南省住房和城乡建设厅负责解释。

第二十五条　本规定自印发之日起施行，原《河南省预拌商品混凝土质量管理暂行规定》(豫建建〔2013〕22号)同时废止，以往规定与本规定不一致的，以本规定为准。

附件(略)

第五节　预应力混凝土工程

预应力混凝土虽然在很多领域都有涉及，但总体来说，还是在道路桥梁工程中应用得比较多。道路桥梁对钢筋混凝土的要求较高，因此在路桥工程中，施工人员对技术的要求及技术的创新都十分重视。

一、预应力混凝土技术的优点

预应力混凝土技术需要配置强度等级较高的钢筋及混凝土，通过这样的高强度组合，结构构件具有更强大的抗拉力，在一定程度上刚度也随之提高。从整个建筑过程来看，不仅节省了原材料，降低了工程成本，同时还可以减轻结构的重量，增加外观的美感，符合现代建筑的要求。采用预应力技术的建筑稳定性高，具有较高的可靠度，施工难度也不是很大，尤其是在路桥结构中应用最为广泛。因为预应力混凝土施工技术自身特性和结构等的不同，在对混凝土施工技术进行分析研究时，容易发现预应力的混凝土施工技术有着许多独一无二的特点，比如起步晚、应用面广等。在当下常见民用建筑的施工当中，不可避免地存在着施工的难点和重点需要注意，尤其是预应力混凝土施工流程的制定和规范。

二、预应力混凝土施工技术应用的难点

(一)底层板无黏结预应力板筋施工

底层板预应力板筋施工是预应力混凝土施工技术运用的一项重点内容，底层板间筋体量大且间距较小，所要承受的荷载作用也相对较强，因而对于其施工质量通常有着很高的要求，所需装设的预应力筋数量多，且底板厚度也有要求，这就要求在实际施工中必须严格把握预应力钢筋及底层板的施工顺序，并要充分做好各个支撑点的锚固段安装与预应力线性控制操作，这些都是实际施工中的主要难点与保障施工质量的重点内容。

(二)有黏结预应力板筋施工

有黏结预应力板筋施工多处于梁板柱的梁柱节点位置，此类位置由于受力情况相对较为复杂，且处于建筑结构的重要节点，往往在预应力板筋的位置与顺序安排上也具有一

定的复杂性,如没有对这些因素以及预应力结构的黏结性进行充分的考量,很容易使建筑结构的稳定性受到影响,埋下安全隐患。此外,在内部结构预应力配置中,由于部分核心梁板柱、承载力柱中多数配置型钢,因此钢筋、预应力波纹管等材料在施工过程中的位置摆设会形成相互干扰等情况,也是施工阶段的工程难点。

(三)预应力结构张拉锚固施工

预应力结构张拉锚固施工质量对于预应力结构整体性能的发挥也有着很大的影响,而建筑施工中为保证预应力结构的锚固质量与可靠性往往需要在预应力张拉端处利用较大体积的锚具进行锚固施工,而锚具的体积如果超出预计范围或在设计时对锚具体积问题考虑不到位,都可能导致因锚具体积过大而影响柱的正常设置的情况,增加施工的难度,若是采取外锚形式进行锚固施工,也可能会导致封锚施工操作的难度加大,这些也是预应力混凝土施工技术应用中的难点。

三、建筑工程中预应力混凝土工程施工技术分析

(一)先张法施工技术

在预应力混凝土的施工方法中,先张法作为一种先张拉钢筋后,再浇混凝土的方法,应具备专门的台座及夹具,便于钢筋的张拉与锚固。待混凝土的强度符合设计的标准后,再松开预应力筋。先张法通常应用于中小型预应力的混凝土构件中,借助预应力筋和混凝土之间的黏结力,将预应力传送给混凝土。这种方法的施工原理在于:先用锚固夹具,将预应力筋的一侧固定于台座上,再用张拉机械加于张拉预应力筋的另一侧,并利用锚固夹具将其固定于台座上,最后对混凝土进行浇筑、养护。此时的预应力混凝土结构,仅有预应力筋存有应力,而混凝土却没有。养护混凝土到达一定的强度后,松开预应力筋。基于预应力筋与混凝土间具有黏结力,预应力筋收缩时,将使混凝土也产生相应的预压应力。先张法的施工主要包括台座法与机组流水法两种,其中台座法是指预应力筋的固定、拉张、放松以及混凝土的浇筑、养护等程序,均在台座上实行;而机组流水法,则指利用钢模作为承力架,以加固预应力筋,并借助特定的机组与流水方法加以完成构件的生产流程。先张法主要应用于屋面板、空心板等中小型构件中。

(二)后张法施工技术

后张法与先张法不同,其张拉施工操作要晚于混凝土浇筑施工进行,通常张拉施工是在混凝土强度达到设计强度的75%后对预应力筋进行张拉,其预应力筋主要是在混凝土浇筑完成并且达到一定强度后通过预留的孔道穿入混凝土结构中,在张拉完成后再通过向预应力孔道中灌浆形成完整统一的预应力结构整体。由于该技术对于提升混凝土结构施工的质量与整体结构强度有着良好的作用,因此在现代建筑工程施工中也有着十分广泛的应用。

后张法施工技术在实际应用中应重点注意对预应力孔道灌浆施工的把握与控制,尤其是对孔道畅通情况的检查,应做好对孔道的清理,以及对水泥浆综合性能的控制,从而保证灌浆的质量,避免管道堵塞或气泡及孔隙的产生,这也是保证后张法预应力混凝土施工质量的关键所在。此外,还应加强对焊接施工中质量与安全的控制,应加强对焊接施工的规范化管理,在焊接人员上岗操作前必须对其进行严格资质检查、岗前专业培训以及施

工规范与责任意识的教育，保证焊接操作的规范化与标准化，避免施工中发生安全事故。

（三）预应力混凝土施工技术的具体应用

1. 预应力混凝土施工技术在装配完整型建筑结构中的应用

基于预制构件具备一定的优势，比如耐久性好、质量水平高、损耗小以及模板的周转率高等，进而使其具有良好的技术与经济指标。因此，预制的预应力构件与现浇相联合的装配完整型结构应用于当代建筑行业中的地位逐渐增大，具体表现在：吊车梁、大跨度空心楼板、屋面板、T形板及预制梁板现浇和现浇节点相联合的装配完整型结构。

2. 预应力混凝土施工技术在高层建筑结构中的应用

近些年来，我国的预应力混凝土施工技术广泛应用于高层的建筑结构中，并获得优异的社会效益、经济效益，具体表现于：首先，在高层建筑物的楼盖施工中应用预应力的扁梁与无黏结的预应力混凝土，能起到节省钢材、降低层高、加快施工进度以及节约模板等功效。其次，利用预应力混凝土加以装饰保温复合的墙板，不仅能有效满足外墙装饰的耐久性与多样性，而且还能在加快施工、保温节能以及工业化生产等方面发挥重要作用。再次，当前预制的预应力构件与现浇相联合的装配完整型结构逐渐增多。最后，随着耐久性技术的逐渐完善以及预应力施工技术的不断进步，更适用预应力混凝土技术的建筑结构，因此预应力结构将得到快速发展。

四、预应力混凝土工程中质量把控要点

（一）施工前的控制要点和方法

1. 做好资料的准备工作

要想把控好预应力混凝土工程中的各项要点，必须从多方面共同入手。在预应力混凝土的工程中所需要注重的要点主要集中在施工前、施工中以及施工后三个方面。要做好充分的事前资料准备工作，对相关的数据和信息做到全面有效的了解。而这些资料的来源主要是各类技术文件，其中不仅包括施工图以及施工工艺，还包括质量的验收标准和要求。所有的施工质量都要严格依照《混凝土结构工程施工质量验收规范》（GB 50204）进行，根据所给出的标准来设定具体的目标。

2. 对施工方做好资质的检验工作

施工单位在建筑施工过程中对于工程的质量将起到重要的决定性影响。为了使相关的工程结果满足标准要求，必须对施工方的资质和实际能力进行鉴定，确保施工方有能力并且具备相应的生产能力。这种检验主要是考察施工单位的质保体系、技术力量、机械设备能力以及相关的施工经验等，对这些要素进行检验时，要做到实事求是，确保检验的结果符合实际的质量。

3. 做好相应材料的检测工作

预应力结构对材料的要求如下：

（1）无粘结预应力钢绞线进场时，应进行防腐润滑质量和护套厚度的检验，检验结果应符合现行行业标准《无粘结预应力钢绞线》（JG 161）的规定。

经观察认为涂包质量有保证时，无粘结预应力筋可不作油脂量和护套厚度的抽样

检验。

(2)预应力筋用锚具应和锚垫板、局部加强钢筋配套使用,锚具、夹具和连接器进场时,应按现行行业标准《预应力筋用锚具、夹具和连接器应用技术规程》(JGJ 85)的相关规定对其性能进行检验,检验结果应符合标准的规定。锚具、夹具和连接器用量不足检验批规定数量的50%,且供货方提供有效的试验报告时,可不做静载锚固性能试验。

(3)处于三 a 、三 b 类环境条件下的无粘结预应力筋用锚具系统,应按现行行业标准《无粘结预应力混凝土结构技术规程》(JGJ 92)的相关规定检验其防水性能,检验结果应符合标准的规定。

(4)孔道灌浆用水泥应采用硅酸盐水泥或普通硅酸盐水泥,水泥、外加剂的质量应分别符合规范的规定;成品灌浆材料的质量应符合现行国家标准《水泥基灌浆材料应用技术规范》(GB/T 50448)的规定。

4. 张拉设备要符合相应的标准和规格

通常情况下,预应力混凝土的工程中都不能缺少张拉设备。千斤顶虽然不是施工过程中的主要工具,但是其作用却是其他工具所不能取代的。预应力混凝土的工程对于张拉设备的规格也具有一定的要求,施工单位要将张拉设备以及油压表送往有资质的计量部门进行标定,来确定张拉力和仪表度数的关系曲线。同时,张拉设备的检验时间要控制在规定的范围内。如果在使用过程中出现了意外,还应对张拉设备进行重新标定。

(二)施工过程中应注意掌控的要点和方法

1. 预应力钢绞线要符合标准

在施工过程中还要注意好细节上的要点,对于预应力筋的包装、运输和下料过程都要予以明确的规定,并做好检查工作。预应力钢绞线成盘运输时,要将它的盘径设置大于2 m,并且单位盘长要控制在200 m以下。此外,在长途运输的过程中,还要对其采取有效的包装保护措施,避免在运输过程中受到损坏。在预应力钢绞线的装卸与吊装的过程中,要注意保持成盘或者顺直的状态。

2. 做好混凝土的温度控制工作

预应力混凝土对于温度具有严格的要求,所以在预应力混凝土的工程施工中一定要做好混凝土温度的控制工作。要先做好混凝土入模的温度控制,对混凝土骨料进行降温处理,将振捣的相关工作安排在夜晚。为了强化混凝土的质量,还要在其凝固前进行二次振捣。为了对混凝土的温度做到实时了解和监控,应配用数字测温仪,将混凝土的内外温差掌控在25~30 ℃。为了避免混凝土在早期出现干缩裂缝的现象,还应在混凝土浇筑过后,在一定时间内对其进行养护。

(三)预应力施工时应采取的措施

事实上,预应力混凝土工程在一定程度上对预应力技术具有较强的依赖性,操作好预应力施工措施将为预应力混凝土工程提供巨大助力。由于梁端框架柱处的钢筋比较密集,为了确保波纹管可以顺利穿束,应该在每个角柱内波纹管穿行方向设置成100×10的比例,于固定后撤出,为混凝土的振捣提供便利条件。波纹管还要适当增加下方的支撑钢筋,避免振捣混凝土时出现下坠的情况。

（四）预应力混凝土工程浇筑以及施工后期的养护

1. 做好相关的应急准备工作

预应力混凝土的后期养护工作，虽然在强度上较前期的工作相对小一些，但其对于预应力混凝土的施工质量却具有至关重要的影响。在后期的预应力混凝土浇筑时要利用泵送混凝土浇筑，在浇筑前一定要有备用泵等应急设施。此外，相关的混凝土拌和、运输设备以及供电设备也都要有相应的紧急预案，防止出现意外情况，保证浇筑的顺利进行。

2. 调整好混凝土的浇筑顺序

进行预应力混凝土的浇筑时要注重浇筑顺序的选择，应按照先跨中后支点的顺序进行。应尽量先浇筑底板，然后再浇筑相应的顶板。在此过程中，还要注意混凝土的厚度以及均匀程度，确保振捣的紧实，保证浇筑的质量。

3. 强化相关的监理工作

预应力混凝土工程对于技术性和具体的施工都具有较高的要求，如果在技术和施工质量上不能给予满足的话，工程的质量和效果将难以得到有效的保障。因此，在混凝土浇筑、振捣频率以及振捣时间的长短上，都要配有专业技术人员，对相关的施工过程和技术做一定的指导。专业技术人员不仅要在施工现场对相应的施工做到严格的监管，还要确保混凝土浇筑的连续性；在监理的过程中注意发现问题，并及时解决。

4. 做好混凝土后期的养护工作

在完成了预应力混凝土的相关工程后，还不能松懈，仍然要做好混凝土后期的养护工作。预应力混凝土的养护主要是对预应力钢束所留下的孔道进行保护以及对其湿度和温度的控制。在养护过程中，既要避免金属管生锈，又要保证混凝土的强度。

总之，随着市场经济的快速发展以及科学技术的不断进步，预应力混凝土技术在建筑行业中的地位越来越重要。由于预应力混凝土技术具有跨度大、节约材料、自重轻等特点，在建筑结构中广泛应用。对此，在建筑工程的施工中，除控制好施工现场的质量外，还应注意预应力混凝土技术在施工中的要点，确保建筑工程项目的质量，从而促进建筑工程项目的顺利进行。

第六节　装配式混凝土工程

装配式混凝土结构，是由预制混凝土或部件装配、连接而成的混凝土结构，简称装配式结构。装配式施工技术是指先在工厂按照建筑施工图中的结构设计进行混凝土结构的浇筑施工，然后将成形构件运送至施工现场进行安装，从而完成建筑施工的过程。装配式混凝土结构可以有效缩短工期，提高施工质量，减少施工成本，近年来逐渐受到建筑市场的欢迎。

一、建筑装配式混凝土工程施工的主要特征

建筑装配式混凝土工程施工的主要特征表现为以下几点：

（1）施工精度高。混凝土预制构件，需严格要求控制其截面尺寸误差。

（2）标准化施工。构件制作前，将结构拆分成不同种类的构件（如墙、梁、板、楼梯等）

并绘制结构拆分图。相同类型的构件尽量将截面尺寸和配筋等统一成一个或少数几个种类,同时对钢筋都进行逐一定位,并绘制构件图,这样便于标准化的生产、安装和质量控制。

(3)现场施工简便。混凝土预制构件可在工厂内产业化生产,运至施工现场直接安装施工,方便快捷,有利于节能环保。构件的标准化和统一化注定了现场施工的规范化和程序化,使施工变得更加简单,工人能更好、更快地理解施工要领和安装方法。

二、建筑装配式混凝土工程施工要点分析

(一)装配式混凝土工程的构件预制施工要点

(1)合理制订模具方案。制订模具方案应综合考虑工艺的合理性、模具利用率、生产效率等因素。预制构件的模具可分为通用模具和专用模具两类。通用模具即同类型构件共用一套模具生产,可通过把边侧模安装在不同挡位来实现构件的不同尺寸,模具利用率高;专用模具即每种构件专属一套模具,不能与其他构件共用,模具利用率低。一般根据构件的构造形式来确定模具方案:平板类构件比较容易实现多构件共模,多采用通用模具,而异型构件一般采用专用模具。在确定模具方案时,还必须结合实际工程的构件种类、数量及施工进度要求。

(2)预埋预留施工要点。装配式构件预埋件较多,其种类主要有吊件、连接件、窗框、管线等。大部分构件还有预留孔洞或沟槽等。构件预制时,这些埋件和预留的定位要准确,否则在后期装配施工中难以进行调整。预埋吊件与连接件多为带内螺纹的筒状,尾部设有横筋,以加强与混凝土之间的锚固。预埋吊件和连接件常布置在构件收光面,构件预制时通过固定在侧模上的悬挑架来定位。预埋门窗框一般应固定于底模上,并采取保护措施,防止框体表面受到污染。用铝制窗框时,必须采取措施避免铝框与混凝土直接接触而发生电化学腐蚀。预埋管线、箱盒等在混凝土凝固前要受浮力作用,固定须牢固可靠,以免位置偏离。另外,要求在混凝土振捣时振捣棒不能碰触预埋件,避免其破损或进浆。预留孔洞和沟槽主要依靠模具来完成,要求模具组件安装精确。

(3)夹心保温墙板预制施工要点分析。由两层钢筋混凝土和保温材料中间夹层组成的墙板,称夹心保温墙板。根据两层钢筋混凝土是否独立承受使用荷载,把夹心保温板分为组合型墙板和非组合型墙板。组合型墙板的内外两层混凝土联合受载,刚度较大,但处理不好容易由于内外两层混凝土的温度差而产生热弯曲裂缝,技术要求较高。非组合型墙板的两层混凝土独立受载,刚度小,但内外两层混凝土可以独立变形,不产生温度应力破坏。目前,我国采用较多的是非组合型墙板。

(二)装配式混凝土工程的装配施工要点

(1)吊装定位施工要点。装配施工用到的主要吊装工具有吊运钢梁、接驳器、索具等。吊运钢梁上对称设置多组吊耳以适应不同构件的起吊间距。接驳器用于连接构件与索具,主要由底座、安装孔、螺栓等部件组成。构件吊装工序为:进场检查—编号—安装接驳器—连接吊装钢梁—吊运—钢筋对位—落位—调整就位。构件吊装就位后,底部应设置限位装置,并设可调节斜撑作为临时支撑系统。传力的构件要在连接部位现浇混凝土或灌浆料承载力达设计要求后才能拆除临时支撑。在吊装定位过程中,应该避免单个预

制构件承受较大的荷载,应避免造成受力方式改变。

(2)受力钢筋间连接施工要点。在装配式剪力墙结构及装配式框架-剪力墙结构中,预制剪力墙水平接缝及预制框架柱接头处的纵向受力钢筋的连接方式主要有套筒灌浆连接和约束浆锚连接。第一,套筒灌浆连接。套筒灌浆连接是依靠套筒中灌浆料与钢筋的锚固作用将钢筋对接起来的连接技术。灌浆套筒预埋在构件的纵向受力钢筋的底端,装配施工时将下层构件上部的外伸纵筋插入预埋套筒,然后进行灌浆,施加一定压力使灌浆料充满筒内空腔,并适当养护。目前常用的灌浆套筒有全灌浆和半灌浆连接套筒两种,区别在于,全灌浆套筒两端均与钢筋锚固连接,半灌浆套筒一端采用锚固连接,另一端采用机械连接。第二,约束浆锚连接。约束浆锚连接不使用套筒,直接依靠混凝土及灌浆料对被连接钢筋的锚固作用来连接。构件底端的纵筋附近预留波纹状孔洞,并用螺旋筋对该区段进行了加强。装配施工时,下层构件上部的外伸纵筋插入孔洞,压力灌浆,并适当养护。

(3)构件通过后浇混凝土连接施工要点。预制剪力墙间竖缝处、预制梁接头处、预制梁柱节点处及结构的预制部分与现浇部分的连接处,常采用后浇混凝土进行连接。连接处的构件表面部位在预制生产时要做成粗糙面(可以进行拉毛或缓凝水洗处理)。在浇混凝土前,要把构件接合部清理干净,并用水湿润。后浇混凝土要求一次性浇筑成型,应注意模板不能漏浆。

(4)构件间其他连接方式。构件间的连接方式还有通过预埋件连接和预应力压接。通过构件上的预埋连接件进行机械连接或焊接常见于外挂墙板与结构主体的连接,连接处应注意做防腐和防火措施。

三、预制装配式混凝土工程质量控制

作为我国国民经济的支柱产业,建筑工程行业发展的健康及可持续性对国计民生的影响显而易见。装配式建筑的设计标准化、产品模数化、构部件通用化及现场施工的机械化、装配化等优点可以较好地适应现代建筑工业化的需求,且提高了效率和工程质量。但从行业发展的现状来看,我国装配式建筑的发展,总体上还处在起步和盲从的阶段,预制构件生产企业的稀少、装配式结构设计人员的匮乏、工程质量控制等仍需做大量的工作。主要从装配式混凝土工程生产、设计、施工三方面存在的问题及质量控制措施开展研究。

(一)预制构件生产方面

1. 生产方面存在的问题

预制装配式建筑的发展,首先就是预制构件的生产加工,构件生产是影响构件质量甚至是整个装配式建筑质量的关键性环节。调研显示,目前预制构件的生产主要存在以下几方面的问题。

1)原材料选择及配比

混凝土构件是骨料、胶凝材料、水及外加剂按一定比例配合、搅拌成型、养护后的产物。一直以来,现浇构件采用的是商品混凝土,对于预制构件的生产,商品混凝土的用料及配比跟预制构件企业所要求的原料及配比如果存在差错,将直接导致预制构件的质量问题。

2)构配件成型及养护

预制构配件模具的刚度、强度、密封性、表面特征,混凝土的浇筑方式、振捣程度、养护条件的不同等都会导致构配件出现蜂窝、麻面等成品外观、强度、承载力等力学性能方面的问题。

3)成品的存放

不同批次、不同类型的构件,施工时存在先后顺序,致使构配件的生产、施工中均不可避免地存在存放问题,而存放时构件支撑点的选择也有可能导致构件早期损伤。

2.生产方面质量控制措施

为了保证质量,在预制构配件的生产过程中必须做到以下几点:

(1)预制构件厂必须配备专职人员驻点商品混凝土厂,跟踪记录混凝土拌和物所用材料及配比,检验入模前拌和物和易性、强度等指标符合预制构配件要求。

(2)预制构配件模板采用具有较大强度、刚度的模板,如铝合金模板。且保证模板每次用完及时清洗处理。

(3)拌和物入模时保证钢筋位置相对固定,入模后必须振捣密实,室内生产构件采用蒸压养护,室外生产构件及时洒水养护。

(4)成品分层分批堆放,合理选择支座位置,可利用互联网技术,给每个成品贴上含有该构件编号、存放区域、吊装序号、前后相关吊装构件编号、吊装责任人等信息的二维码,方便后期施工精细化管理。

(二)装配式结构设计方面

1.结构设计方面存在的问题

装配式结构设计跟现浇结构不同,现浇结构设计分析时更多的是控制结构的荷载作用,如地震及风荷载作用下的侧移、振动周期等结构整体响应。预制装配式结构设计分析时除控制结构整体响应外,更多的工作是控制梁柱节点、预制与现浇结合处等特殊部位在外界荷载作用下的应力、变形。基于此,目前装配式建筑设计时体现出的问题主要集中在以下几方面。

(1)设计手段及设计方法跟现浇结构有区别。目前,我国专业的装配式建筑设计人员及企业还相对稀缺,这导致很多装配式建筑采用的仍是现浇结构的设计方法。

(2)不同设计专业之间的配合跟现浇结构必须更紧密。建筑的整个设计过程是建筑、结构、水暖电等多个专业工种协同工作的结果。装配式建筑构件的预制性质决定了各专业工程师在设计阶段就需要更充分紧密的协调合作。

(3)预埋件及预留孔留设。建筑安装中包括大量的水暖电管线,需要各专业设计师高度配合,才能保证预埋件及预留孔的设置合理、充分,防止预埋件堵塞、脱落,减少后期施工过程中不必要的工程量。

2.结构设计方面质量控制

为了更好地保障质量,提高设计效率,装配式结构的设计可从以下几方面做工作。

(1)整合设计平台,保障各专业之间沟通及时、顺畅。利用BIM技术,借助Refit软件平台,整合、协调各设计专业之间的设计内容,做到设计过程透明化,设计内容公开化,设计变更统一化、协调化。

(2)结构的平立面尽量简单、规则。目前的技术尚无法令装配式结构的整体性优于现浇结构,因此装配式建筑结构在设计时保持平、立面的简单、规则,防止上下层之间刚度、承载力突变,有助于提高结构的抗震、抗风能力。

(3)构件设计尽量标准化、模块化。为装配式结构构件工厂生产及后期施工的方便,构件设计、预留孔、预埋件设计,特别是节点的连接设计均采用标准化、模块化的设计方法。

(三)装配式结构施工方面

1.装配施工方面存在的问题

跟现浇结构施工相比,预制装配式建筑施工加快了工程施工进度,提高了工程施工效率,但在施工过程中亦存在以下几方面的问题。

1)运输与吊装

预制构件的预制属性决定了在施工过程中,不管是场内还是场外均需要有大、中型机械的运输或吊装。而不同构件尺寸的大小、质量的轻重、外形的规则性均不完全一致,这将导致运输与吊装过程中难度高,工作量大,易出错。

2)装配与后浇

预制构件吊装就位后,构件与构件连接处,预埋件与预留孔的连接处理等都有后期现场灌浆需要,相关部位处理常常有注浆孔不满、交接点或面漏浆,甚至是注浆强度不够等问题。

3)管线及管网安装

装配式结构的管道、线盒均为一体预制成型,在施工过程中常常出现管洞堵塞、线盒松脱、位置偏移等问题,给施工带来障碍。

2.装配施工质量控制措施

鉴于上述相关问题的存在,在施工过程中主要从以下几方面来提升质量。

1)构件的生产阶段

从构件的生产阶段就给所有的构件附带有构件相关吊装信息的二维码,以确定吊装顺序及位置,借助互联网技术,为装配施工阶段提供帮助。

2)构件的运输过程

构件的运输过程中采用专门的运输工具及特定的保护措施,避免构件在运输或吊装时出现棱角损坏、外观破损等问题。

3)构件的吊装

构件安装吊装时不要一步到位,而应留有3~5 cm的调整空间,在现场施工作业人员引导下,逐渐向目标位置靠近安装,以保证位置正确,浆料饱满。

4)各连接点、线、面的质量控制

控制板与板、板与梁、梁与梁、梁与柱等各连接点、线、面处的钢筋连接后现浇时的浆料质量及施工工艺,包括作业人员选择、外观质量检查、尺寸偏差控制,连接接头力学性能检验等方面,做到灌浆密实饱满,连接节点安全可靠。

综上所述,装配式混凝土结构工程易于设计标准化和施工机械化,是实现建筑工业化的重要途径,为推动其在建筑中的应用,将大量的现场作业转移至工厂中进行,有利于施工安全和进度的控制,有利于资源的节约和环境保护。

第七节　混凝土冬期施工

我国北方地区冬季寒冷干燥,建设工程的冬期施工面临挑战,且冬期施工工期一般为3~6个月,工程所占的比重最高可达30%。而在建筑工程建设项目中,均要求加快建设速度,使工程早日投入使用。如在较长的冬期中停止建设,将会严重制约项目建设速度和资金、设备等的周转效率。因此,研究与发展、推广应用建筑工程冬期施工技术势在必行。在这个季节,也是工程质量问题出现的多发季节。所以,采取必要的施工措施,是确保工程质量,加快施工进度的关键,亦可减少工程建设的消耗,从而获得较好的经济效益和社会效益。

一、冬期混凝土工程施工原理

混凝土拌和物浇筑后的凝结和硬化,是水泥水化作用的结果。水化作用的速度随温度的高低而变化。当温度升高时,水化作用加快,强度增长也较快;而当温度降低到0 ℃时,水化作用减慢,强度增长相应较慢;温度继续下降,当混凝土中的水完全变成冰时,水泥水化作用基本停止,强度不再增长。

水变成冰体积增大,同时产生膨胀应力,使混凝土受到破坏而降低强度。此外,水变成冰减弱了水泥浆与骨料和钢筋的黏结力,从而影响混凝土的抗压强度。冰融化后,又会在混凝土内部形成各种空隙,而降低混凝土的密实性及耐久性。

混凝土冻结前,使混凝土获得不遭受冻害的最低强度,一般称临界强度。临界强度与水泥品种有关,如采用PⅠ、PⅡ、PO水泥时受冻临界强度不小于设计强度的30%;采用PS、PP、PF、PC水泥时受冻临界强度不小于设计强度的40%;当室外最低气温不低于-15 ℃时,混凝土受冻临界强度不小于4 MPa;当室外最低气温不低于-30 ℃时,混凝土受冻临界强度不低于54 MPa。

二、冬期混凝土施工技术要点

新浇筑混凝土未达到受冻临界强度遭受冻害,会严重降低混凝土强度,造成混凝土裂缝,从而降低混凝土耐久性能。

(一)施工前的准备工作

(1)骨料中不得有冰块、雪团和有机物,应清洁、级配良好、质地坚硬。采用可饮用的自来水;防冻剂应通过检测,符合质量标准,并经实验室试验掌握其性能。应选择活性高、水化热大的普通硅酸盐水泥。

(2)混凝土浇筑前应清除模板和钢筋上的冰雪及垃圾,尤其是新老混凝土交接处,但不得用水冲洗。

(3)浇筑前,应准备好混凝土覆盖用保温材料,如塑料薄膜、彩条布、棉毡和草帘等,做好相应的防冻保温措施,并采取必要的挡风、封闭措施,以提高保温效果。

(4)不得在冻土层上浇筑混凝土,浇筑前,必须设法升温使冻土消融。混凝土接槎时,应预热旧槎,浇筑后加强保温,防止接槎受冻。

(5)如果混凝土的坍落度过小,不能满足施工要求,可在混凝土公司技术人员的指导下,使用外加剂调整,严禁用加水的办法调整混凝土坍落度。

(二)混凝土浇筑

(1)为保证混凝土的浇筑质量,防止温度发生变化影响质量,混凝土运至施工单位浇筑地点后应尽快浇筑,宜在 90 min 内卸料;采用翻斗车运输时,宜在 60 min 内卸料。

(2)冬期施期间泵车润管水不得放入模板内;润管用过的砂浆也不得放入模板内,更不准集中浇筑在构件结构内。

(3)在浇筑过程中,施工单位应随时观察混凝土拌和物的均匀性和稠度变化。当浇筑现场发现混凝土坍落度与要求发生变化时,应及时与混凝土公司联系,以便及时进行调整。进入浇筑现场的混凝土严禁随意加水,更应杜绝边加水边泵送浇筑的行为发生。

(4)当楼板、梁、墙、柱一起浇筑时,先浇筑墙、柱,混凝土沉实后,再浇筑梁和楼板。浇筑墙、柱等较高构件时,一次浇筑高度以混凝土不离析为准,一般每层不超过 500 mm,捣平后再浇筑上层,浇筑时更注意振捣到位,使混凝土充满试模,不再显著下沉,无明显气泡排出。

(5)分层浇筑厚大的整体式结构混凝土时,已浇筑层的混凝土温度在未被上一层混凝土覆盖前不应低于 2 ℃。采用加热养护时,养护前的温度不得低于 2 ℃。

(6)混凝土的入模温度不得低于 5 ℃,浇筑后,对混凝土结构易冻部位必须加强保温,以防冻害。

(三)适时合理地抹压

(1)冬期混凝土初凝时间一般为 8~12 h,终凝时间为 12~16 h。因此,应适当把握好抹面时机,并在初凝前进行二次抹面,可以减少表面裂缝。混凝土墙、柱等边模的拆模时间应适当延长,以避免表面发生脱皮等影响外观质量。

(2)混凝土初凝前用刮尺赶平,用木抹子第一次抹面,初凝后到终凝前用铁抹子碾压表面数遍,将表面不均匀、不规则裂缝闭合,最后用收光抹子第二次抹面,闭合收水裂缝,随后立即在混凝土表面覆盖塑料薄膜,使混凝土内蒸发的游离水积在混凝土表面进行保温养护,在薄膜上再盖草帘子。

(四)混凝土的养护

(1)混凝土经过相关施工工艺处理后,应及时覆盖塑料薄膜并加盖草帘、棉毡等保温养护,以保证混凝土初凝前不受冻。根据施工工程部位及气温情况,可参照以下方法进行覆盖:①当气温在 0~5 ℃时,盖一层棉毡或草帘和一层塑料薄膜;②当气温在-5~0 ℃时,盖两层棉毡或草帘和一层塑料薄膜;③当气温在-10~-5 ℃时,盖三层棉毡或草帘和一层塑料薄膜;④当气温低于-10 ℃时,盖四层棉毡或草帘和一层塑料薄膜;⑤低于-15 ℃时,应采用加温和其他材料进行保温,其保温层厚度、材质应根据计算确定。

(2)养护初期,派专人负责测温并详细记录整个养护期的温度变化,每昼夜最少四次测量混凝土和环境温度,以便发现问题,及时采取措施补救。

(3)在模板外部保温时,除基础可随浇筑随保温外,其他结构须在设置保温材料后方可浇筑混凝土。钢模表面可先挂草帘、麻袋等保温材料并扎牢然后再浇筑混凝土。

(4)混凝土终凝后应立即进行覆盖保温养护,按国家标准要求养护时间不得少于 14

d,若早期养护不到位,其 28 d 强度将受很大影响。

(5)加做两组混凝土同条件试块放在现场环境中,以便随时得到同条件下混凝土的抗压强度。

(五)冬期混凝土的测温要求

在混凝土中埋设导线设专人进行测温,包括大气温度、混凝土的出罐、入模温度、混凝土内部温度,如有异常,及时采取措施。

(六)模板拆模

(1)拆模时,混凝土必须达到规定的拆模强度,过早拆模,承重会导致混凝土表面撕裂产生裂缝等质量问题。在混凝土未达到 1.2 MPa 前,不准在混凝土上踩踏、支模和加荷。不要过早地在楼板上进行施工作业或堆放重物,以减少或避免结构,产生收缩变形裂缝。

(2)拆模时,要注意拆模的时间及顺序,特别对于梁、墙板等结构,应适当延长拆模时间,拆模后应继续进行养护。

(3)模板和保温层应在混凝土冷却到 5 ℃后方可拆除。未冷却的混凝土有较高的脆性,所以结构在冷却前不得遭受冲击或动力荷载的作用。当混凝土与外界温差大于 20 ℃时,拆模后的混凝土表面应临时覆盖,使其缓慢冷却。

(4)根据同条件养护的试块强度决定拆模时间。

(5)拆模后的混凝土也应及时覆盖保温材料,以防混凝土表面温度骤降而产生裂缝。

三、冬期混凝土施工质量控制措施

混凝土冬期施工质量检查除应符合现行国家标准《混凝土结构工程施工质量验收规范》(GB 50204)以及国家相关规定外,尚应符合下列规定:

(1)应检查外加剂质量及掺量,外加剂进入施工现场后应进行抽样检验,合格后方准使用。

(2)应根据施工方案确定的参数检查水、骨料、外加剂溶液和混凝土出机、浇筑、起始养护时的温度。

(3)应检查混凝土从入模到拆除保温层或保温模板期间的温度。

(4)采用预拌混凝土时,原材料、搅拌、运输过程中的温度检查及混凝土质量检查应由预拌混凝土生产企业进行,并应将记录资料提供给施工单位。

混凝土养护期间的温度测量应符合下列规定:

(1)采用蓄热法或综合蓄热法时,在达到受冻临界强度之前应每隔 4~6 h 测量一次。

(2)采用负温养护法时,在达到受冻临界强度之前应每隔 2 h 测量一次。

(3)采用加热法时,升温和降温阶段应每隔 1 h 测量一次,恒温阶段每隔 2 h 测量一次。

(4)混凝土在达到受冻临界强度后,可停止测温。

(5)大体积混凝土养护期间的温度测量尚应符合现行国家标准《大体积混凝土施工规范》(GB 50496)的相关规定。

混凝土质量检查应符合下列规定:

(1)应检查混凝土表面是否受冻、粘连、收缩裂缝,边角是否脱落,施工缝处有无受冻痕迹。

(2)应检查同条件养护试块的养护条件是否与结构实体相一致。

(3)采用电加热养护时,应检查供电变压器二次电压和二次电流强度,每一工作班不应少于两次。

总之,冬期混凝土施工是工程施工的难点之一,且对后续工程质量影响很大,是保证整个工程质量的关键。为了保证混凝土冬期施工的质量,在总结以往经验的基础上,严格按照现行行业标准《建筑工程冬期施工规程》(JGJ/T 104)的规定,并根据工程的实际情况,制订相应的施工方案,以确保冬期施工混凝土的质量。

第五章　装饰工程

第一节　抹灰工程

目前在我国建筑行业发展的过程中，抹灰施工工程已经得到了广泛应用，它不仅可以对建筑结构起到一个良好的装饰作用，还可以进一步提高建筑结构的稳定性、整体性以及耐久性，从而使得建筑物在长期使用的过程中，不容易受到各方面因素的影响，而出现质量问题。此外，在对建筑结构进行抹灰施工的时候，也可以使建筑室内环境的整洁度和美观性得到一定的提升。

一、抹灰施工概述

当前在建筑施工的过程中，抹灰施工的应用主要是提高建筑室内空间环境的美观，保障建筑结构的稳定性和耐久性，从而使在正常使用的过程中，不会出现相关的质量问题。目前技术人员在抹灰施工的过程中，为了使其施工技术得到有效的提高，也将许多先进的科学技术应用其中，并且根据工程施工的实际情况和相关要求进行处理。一般情况下，在抹灰工程施工时，主要是利用水泥砂浆和混凝土材料来对建筑结构的外层进行磨平，从而使建筑结构的工作性能得到有效的增强，使其主体结构的稳定性和可靠性得到明显的增强。

(一)组成

在通常情况下，技术工人在抹灰施工的过程中，一般都是通过对建筑结构的底层、中层和外层在三个部位进行施工处理。其中，底层抹灰施工，主要是对建筑结构的抹灰层和基层结构进行相关的施工处理，根据工程施工的实际情况来对其进行合理的规划设计，使抹灰工程的施工质量得到有效保障，而且在技术人员对地层进行施工处理的时候，还可以对抹灰工程中可能存在的制约因素进行分析，进而采用相关的预防措施，来保障工程结构的稳定性和耐久性。而在中层抹灰施工，主要是通过找平来弥补建筑基层结构中存在的裂缝，使得建筑结构的整体性得到进一步提升，使工程施工的质量满足设计方案的相关要求。

(二)分类

目前在我国建筑行业不断发展的过程中，人们为了使抹灰工程施工质量得到有效提高，就将一些先进的施工技术和设备应用其中。在抹灰施工的过程中，可以根据其抹灰施工的要求不同，将其抹灰施工技术分成普通抹灰施工和高级抹灰施工。而普通抹灰施工也被人们称为一般抹灰，它主要是通过底层、中层和上层来进行处理，从而使建筑工程结构的稳定性、耐久性和平整度得到有效提高。

在高级抹灰施工过程中，技术人员主要是通过工程施工的实际情况，来对部分底层、中层以及面层进行灵活多变的施工处理，并且在对其阴阳角进行找平处理时，还要对其标筋进行设置，以使建筑墙面的平整性和光滑度都得到有效提高。

二、一般的施工方式

（一）施工顺序

抹灰工程在施工的过程中，通常情况下的施工顺序都是先是进行室外抹灰，然后再进行室内抹灰，先上后下等施工方式。对于一个整体工程的抹灰施工而言，其在施工的过程中通常都是先在天棚上进行抹灰，然后再进行墙面和走廊的抹灰。

（二）抹灰施工要求

一般情况下，施工的过程中所选用的材料品种和性能通常都是以符合设计标准和工作要求为主的，在施工的过程中对于材料的要求最为严格，其在设计的过程中必须确保其能够满足和符合相关的设计标准和要求，同时以水泥的终凝时间和安定性检验为基础来进行施工。同时，在目前的工作中，要严格控制石灰膏，且保证其养护时间能够达到预计工作和标准要求。

（三）抹灰施工

一般抹灰工艺：清理基层—浇水湿润基层—找规矩、做灰饼—设置标筋—阳角做护角—抹底层灰、中层灰—抹窗台板、踢脚线—抹面层灰、清理。

1. 基层处理

为了使抹灰砂浆与结构表面黏结牢固，防止抹灰层产生空鼓现象，抹灰前应剔平凹凸的部位，或用1:3水泥砂浆补平。表面太光的要凿毛。孔洞及缝隙处均应用1:3水泥砂浆分层嵌塞密实。基层表面的尘土、污垢、油渍应清除干净，并应洒水湿润。不同基层材料相接处应铺设金属网，搭接缝宽度每边不得小于100 mm。

2. 设置灰饼、标筋

为了有效控制抹灰层的厚度和墙面的平直度，抹灰前应用与抹灰层相同的砂浆先做出灰饼和标筋作为底、中层抹灰的依据。高级抹灰、装饰抹灰及饰面工程，应在弹线时找方。每个灰饼边长50 mm左右，厚度同抹灰层厚度，灰饼间距1.2~1.5 m，底距踢脚线200~250 mm，顶距楼底板200 mm左右。

灰饼做好后，在竖向灰饼之间以灰饼之间的厚度为准，用灰饼相同的砂浆冲筋。标筋间挂线，用引线控制抹灰层厚度。抹灰墙面不大时，可做两条标筋，待稍干后进行地层抹灰。

顶棚抹灰一般不设灰饼标筋，而是在靠近顶棚四周的墙面上弹一条水平线以控制抹灰厚度，并作为抹灰找平的依据。

3. 做护角

在室内的门窗洞口及墙面、柱子的阳角处做护角，可使阳角线清晰挺直，防止碰撞。一般可用水泥砂浆抹面，护角高度不低于2 m，每侧宽度不小于50 mm。

4. 抹底层灰

抹灰前，基础要浇水湿润，防止基层过干而吸去砂浆中的水分，使抹灰层产生空鼓和脱落。基础为黏土砖时，一般宜浇两遍水，使砖面渗水深度达 8～10 mm。基层为混凝土时，抹灰前先刮素水泥一道。在加砌混凝土基层上抹砂浆时，先在湿润墙上刷一遍防裂剂，随刷随抹水泥砂浆或水泥混合砂浆。

5. 抹中层、面层灰

待底层灰凝结后抹中层灰，中层灰每层厚度一般为 5～7 mm，抹中层灰时，以灰筋为准满铺砂浆，用大木杠紧贴灰筋，将中层灰刮平，最后用木抹子搓平。

当中层灰干后，可抹罩面灰，用铁抹子抹平，并分两边连续适时压实收光，面层宜分层涂抹，每层厚度不得大于 2 mm。

室外抹灰常用水泥砂浆罩面。竖向每步架做一个灰饼，步架间做标筋。由于外墙面积大，为了不显接槎，防止抹灰面收缩开裂，一般应设分格条，留槎应在分格缝处。

外墙窗台、窗楣、雨棚、阳台、压顶及突出腰线的上面应作流水坡度，下面应作滴水线或滴水槽。滴水槽的深度和宽度均不应小于 10 mm，并应整齐一致。

三、建筑抹灰工程施工常见问题及质量控制

（一）墙体与门窗交接处施工质量控制

在抹灰工程施工中一般的通病就是墙体与门窗处抹灰层空鼓、裂缝、脱落等，针对这部分的施工问题，工作人员在抹灰施工前可以先洒水。如果是砖墙应浇两次水，这主要是由于砖墙的吸收性很强；而混凝土墙只需要浇一次水即可。在施工时，如果发现底灰干透了，可以在抹灰前浇水湿润。在抹灰时，施工人员要注意墙面上明显凸出的部分，一定要确保抹灰层的平整度。另外，墙面也不能太过光滑，一般太光滑的部分应该凿毛。尤其要注重不同基层交会处应钉钢板网，每边搭接长度一般在 100 mm 以上。如果在门窗处发现漏洞，可以用木桩夯实。在整个墙面平整的情况下，施工质量会得到一定的控制。

（二）墙面抹灰层质量控制

墙面抹灰层的主要问题也是空鼓和裂缝，这种现象产生的主要原因就是抹灰时施工顺序和养护方法不对，导致墙面空鼓和裂缝。这种问题的主要控制方法就是在施工前也需要洒水。同样针对不同的墙体材质，采用不同的浇水方式。砖墙仍然是两次施水，混凝土墙施一次水。在施工前，如果发现底灰太干，可以浇水湿润。工作人员要检查使用材料的保水性，一般施工所用的砂浆保水性能差，浇水工作一定要及时。抹灰时，一定要按照顺序，分层抹灰。分层抹灰时，第一次抹灰可以比较粗略，但是第二次抹灰必须平整。最后，工作人员要科学合理地配合抹灰工程施工材料，切忌不能将水泥砂浆、混合砂浆以及石灰膏等混合在一起，这样会导致抹灰施工问题。

（三）面层抹灰质量控制

面层抹灰施工中常见的问题就是面层起泡、开裂或者是有抹纹等，其主要原因是施工时工作人员没有确保抹灰层的平整度。针对这种质量控制的问题主要是通过压光，在砂浆收水后，即将要凝结时，可以对其进行压光。如果底灰太干还是需要浇水湿润，先在面层上刷一层薄薄的纯水泥浆，再进行罩面。罩面前，如果面层太干，而不易压光，应浇水后再压光。

(四)外墙抹灰质量控制

一般外墙抹灰常见的问题是抹灰接槎位置没有处理好,并且外墙抹灰色泽也不够均匀,抹灰纹理比较明显。在施工时,工作人员要在施工时把接槎位置留在分格条处或阴阳角、水落管等处。在操作时,一定要注意平整,尽量避免出现高低不平、色泽不一的现象。为了有效防止抹灰中的抹纹,室外的水泥砂浆墙面应做成毛面。用木抹子搓毛面时,要均匀用力,轻重一致。先用圆圈形搓抹,然后上下抽拉。抽拉的方向应保持一个方向,这样就能很好地避免抹灰墙面出现抹纹。建筑抹灰工程施工技术和质量控制是一项比较细致性的工作,要求工作人员要认真细心,确保抹灰层施工的质量。

总之,在建筑工程施工的过程中,抹灰施工有着十分重要的意义,它不仅可以使建筑结构各方面的工作性能得到有效提高,还使其建筑室内环境得到有效美化,这就使建筑工程的质量得到进一步的完善,给用户提供一个良好的生活环境。

第二节　饰面工程

在建筑工程的施工中,这项工程关系着建筑物内部和外部的整体性和美观性。随着我国建筑行业的发展和进步,人们对建筑质量和外观都提出了更高的要求,所以在工程的建设中也对施工的材料和施工的技术有了更多的要求。因此,在施工的过程中不断加强对施工技术的规范是非常重要的。

一、建筑施工装饰饰面工程施工工艺

在建筑施工装饰饰面工程中,施工工艺主要分为抹灰饰面、涂料饰面、贴面饰面、裱糊类饰面、铺钉类板材饰面五大类,下面就这五大类进行详细分析。

(一)抹灰饰面施工工艺

在建筑装饰施工中,最为常见的一种就是抹灰饰面施工工艺。抹灰饰面施工工艺主要分为清水混凝土抹灰工艺和砖砌抹灰工艺两种类型。清水混凝土抹灰工艺相比于传统施工工艺有着很大的优势,因为传统的面层抹灰分为两层,基层是水泥砂浆,面层是素水泥浆,这种抹灰工艺在施工过程中存在一定的弊端,如黏结不牢、抹灰层过厚等,面层抹灰工艺已经逐渐转变为清水混凝土抹灰工艺了。砖砌抹灰工艺在施工过程中,也有一些需要改进的地方,如保证砖砌体所需的平整度、达到砖砌体的质量指标等。此外,砖砌抹灰工艺还应多用粉刷用的石膏浆而非石灰砂浆,因为石灰砂浆不能保障施工后的质量,而粉刷用的石膏浆不仅成本低还具有黏结牢固的优点。

(二)涂料饰面施工工艺

就高层建筑而言,涂料饰面施工工艺安全性是比较高的。下面就涂料饰面的施工原理、种类和所遇到的问题的处理方法进行分析。

1. 涂料饰面施工原理及种类

在建筑装饰饰面工程中,涂料饰面是比较常见的一种施工工艺,就是在建筑表面刷上不同的涂料,除要达到保护墙面的目的,还要具有美化的作用。涂料饰面根据使用的效果可以分为水溶性材料和乳胶漆两大类。水溶性材料,顾名思义,就是能溶于水的高分子材

料，这种材料在实际施工过程中，要根据建筑的本身，选择合适的材料种类，而且在选择上，一定要遵循成本低、效果好、绿色环保的原则。相比于水溶性材料，乳胶漆与它最大的区别就是不能在水中溶解，但是乳胶漆具有很多优点，如覆盖广、色泽柔和等，不仅如此，在施工中也具有难度低、耐用性强、易于清洗的优点。所以，在实际施工中只要结合两种材料的优点，根据墙面本身选择合适的涂料就好。

2. 涂料饰面施工中所遇问题的处理方法

在涂料饰面施工过程中，会遇到很多问题，面对这些问题，必须有一套与之相应的处理方法。例如，基层处理，如果基层没有处理好，出现了不平整的现象，就会对水泥砂浆抹灰质量产生不利的影响，继而降低室内装饰的美观度。污水处理，众所周知，在涂料饰面的过程中会产生很多废水，造成环境污染，如果污水处理不当，直接排放，会严重破坏生态平衡，因此在施工过程中，对于饰面所产生的污水一定要科学处理，降低污染。

（三）贴面饰面施工工艺

1. 贴面饰面施工原理及特点

在贴面饰面施工中，采取的方法是将装饰贴面的材料粘贴到装饰基层的上面，其原理就是利用不同类型的材料来达到增加房屋美观的效果。其特点除成本低、效率高外，在施工中还具有便捷和耐久的优点。

2. 贴面饰面施工工艺流程

贴面饰面工艺在施工过程中，首先，对基层进行清洁，保证基层湿润的同时，还要保证墙面本身的平整性。其次，处理墙面之前，还需要设置标准点，在操作过程中，严格遵守相应的操作规范，重视任何一个环节，从而保证贴面表面的平整度。此外，在进行粘贴瓷砖等材料之前，还需要对其浸泡，浸泡时间达到要求后，再进行粘贴，同时运用比较专业的工具对贴面的表面进行清理。最后，在贴面的缝隙用白水泥浆进行勾缝处理，保证贴面的平整及美观。

（四）裱糊类饰面施工工艺

裱糊类的饰面装修本质上就是将各种装饰类的材料裱糊在墙面的装修方法，这种方法可有效提高建筑的美观性，下面就裱糊类饰面施工原理、优势及施工工艺流程进行分析。

1. 裱糊类饰面施工原理及特点

该工艺的施工原理就是利用不同类型的装饰材料裱糊在墙面的装修方法，以此增加房屋的美观度。相较于其他类型的装饰施工，裱糊类饰面施工具有色彩、纹理和图案丰富，操作简便、工期短等优点。

2. 裱糊类饰面施工工艺流程

在建筑装饰过程中，对裱糊类饰面施工工艺只有基面平整这一个要求，所以这种方法用来增加房屋美化施工简便。在施工时，工艺流程主要为基层清扫、缝隙填补、接缝处粘贴缝带、补找腻子、磨砂纸、磨平腻子、涂刷防潮剂、打底涂料、墙纸浸水、基层和壁纸涂黏结剂、裱糊、清理。简而言之，在需要裱糊的墙面，首先刷上一层清油，主要是为了降低基层墙面的吸水速度。然后，等清油干了，再确定壁纸基准，与此同时注意剪裁的尺寸。完工之后，再看看墙面是否平整美观，如果墙面出现鼓包，需要用针剂扎破，把气体排出来之后刮平墙面。

(五)铺钉类板材饰面施工工艺

在建筑装饰饰面工程中,利用天然板条等人造薄板进行装饰的方法增加房屋美观度是比较常见的。因为居室的墙面上装饰木材,会呈现出质地结实、温暖的感觉,但是我国的木材资源相对紧张,所以在建筑装饰时,大多采用人造板材。目前,墙面装修可分为墙面钉木龙骨和黏合剂直接粘贴饰面板材两种形式。这里就墙面钉木龙骨进行简单介绍:龙骨木条的尺寸规定为 50 mm×25 mm,其间距要求为 450 mm。在建筑装饰饰面工程中,如果表面板材为竖向铺贴,则横向设置龙骨;如果表面板材横向铺贴,则竖向设置龙骨。在施工中,也尽量选择简单的方式,简而言之,如果能够用钢钉直接钉到墙上,那直接钉即可;如果不行,就要对墙面进行打洞。总之,要想增强房屋的美观性,在房屋建筑中,进行铺钉类板材饰面是很有必要的。

二、装饰工程中饰面工程施工的问题

(一)设计行为不规范

随着经济的发展和社会建设水平的不断提升,很多地方的工程建设都在数量上、规模上不断增加,整体上获得的成绩是比较显著的。从现有的情况来看,装饰工程得到了高度关注,并且在很多层面上,都会影响业主的生活与工作。为此,应坚持对饰面工程施工的问题作出分析,从细节上提高饰面工程施工的水平,为装饰工程的整体进步提供更多的参考与指导,在整体上将工作效率、工作质量大幅度提升。就饰面工程施工本身而言,设计行为不规范是比较严重的问题,同时已经在业界内引起了高度的关注,未来必须采取积极的手段来应对,否则难以在未来取得更好的成绩。

结合以往的工作经验和当下的工作标准,认为设计行为不规范的问题,主要表现在以下几个方面:第一,设计工作在开展的过程中,并没有考虑到较多因素的影响,仅仅是按照简单的工作手段来套用。每一个装饰工程,都具有自己的特点和限制条件,饰面工程施工过程中,倘若在设计层面仅仅是按照固有的套路、方案来照抄照搬,不仅无法在预期工作上得到理想的成绩,还会在其他工作的实施过程中,造成难以弥补的损失,这对于地方的综合发展和装饰行业进步,都会造成很大的负面影响。第二,设计工作的实施,未按照国家的相关标准来进行。我国在现阶段的发展中,正处于一个十分重要的阶段,设计方面的工作如果不遵守国家标准、条文,肯定会在后续的工作中,造成难以弥补的损失。

(二)人力资源素质较低

饰面工程施工过程中,之所以会出现很多问题,是因为人力资源素质较低,在今后的工作中,需要采取积极的措施来应对。人力资源素质较低主要是表现在以下几个方面:第一,日常的饰面工程施工过程中,很多工作人员都没有给予足够的关注,完全是通过简单的手段来执行,这种现象的发生,促使饰面工程施工的全局工作难以得到良好的效果,以至于在行业内造成了很大的负面影响。第二,部分员工在工作过程中,对于自身的责任未积极落实,完全是按照简单的模式来操作,单纯在施工的速度上努力,丝毫没有考虑到施工质量,也没有在技术指标的落实上积极开展,由此给业主造成了非常大的损失。第三,人力资源的培训工作没有全面开展。如今的部分员工,虽然在经验上比较丰富,可是对新科技、新理念的了解非常少,这就很容易造成饰面工程施工的技术含量偏低,在各个区域内的施工会展现出较强的差异性。

三、装饰工程中饰面工程施工的对策

(一)提高设计的行为规范

在现阶段的发展中,装饰工程已经进入了非常重要的时期,为了在日后的工作中取得更好的成绩,必须有效解决饰面工程施工的多项问题,不能总是停留在传统的层面上,这样并不能在未来取得良好的工作效果。结合以往的工作经验和当下的工作标准,认为提高设计的行为规范,是非常必要性的工作,由此来努力提高饰面工程施工水平,将各方面的问题更好改善、解决。工程承包之后,设计单位要根据客户不同的要求,安排不同的人员进行设计,使每一个环节都有专业人员进行设计,使设计中每个环节做到最好,让客户对设计方案完全满意。同时,加强设计监管部门管理,使设计中的每个环节都能在审查中达到国家标准,不存在漏检的现象,使饰面工程不存在隐患。这样就可以从工程开始阶段避免施工问题的产生,加强饰面施工中的质量。通过在设计方面提高行为规范,能够促使饰面工程施工按照正确的轨道、方向来完成,整体上创造的价值是比较突出的。

(二)加强人力资源的素质

从客观的角度来分析,装饰工程施工过程中,饰面工程施工是具有决定性的内容,在很多方面都会对装饰工程及行业的发展产生较大的影响。为了在日后的工作中取得更好的成绩,我们需要在人力资源的素质上不断加强,获得更多的保障。

第一,施工人员必须接受统一的培训和指导,确保在饰面工程施工过程中,他们能够按照相关的工作标准来完成施工,减少传统工作的不足,将个人经验有效发挥的同时,达到相应的技术指标,使饰面工程施工的质量获得更好的提升。第二,在加强人力资源素质的过程中,应坚持落实相应的考核手段,观察施工人员的日常表现和个人的责任领域,按照相应的奖励手段、惩处手段来规范,促使施工人员可以在工作过程中,拥有更多的动力,弥补自身的不足。第三,人力资源的素质提升过程中,还需要在团队作业上进一步地巩固。

(三)加强施工现场监理工作

经过前几项工作的开展,装饰工程中的饰面工程施工,在整体上能够取得良好的效果。建议在今后的工作中,进一步加强施工现场监理工作。第一,饰面工程施工过程中,发现问题及时处理,不出现问题堆积的现象。第二,在监理工作开展的过程中,需要合理地设计监理方案,在饰面工程施工的不同阶段,按照差异化的监理方式完成饰面工程的监理工作。

总之,我国科技和经济水平的不断提高促进了我国建筑行业的发展,在建筑施工当中出现了很多新材料和新技术,尤其是建筑装饰材料在种类上和材料上更是呈现出了多样化的趋势,所以这也给了人们更多的选择机会,饰面工程的施工也面临着更多的挑战,饰面材料的不断发展也需要更加先进可靠的施工技术作支撑。

第三节　门窗工程

建筑中的门窗施工是整个建筑环节中比较重要的一项,门窗的施工如果存在质量问题,会对整个建筑的整体使用性能和施工质量带来影响。在门窗的施工中,不论哪一种材质的门窗都要对材料进行仔细选择,门窗的零配件等要有相关的合格证书。

一、门窗工程质量要求

门窗工程质量应符合现行《建筑装饰装修工程质量验收标准》(GB 50210)中的相关规定。门窗工程主要包括门和窗的制作和安装,注重对门窗外观设计的观感需求和功能需求,因此在门窗工程质量的设计中,必须使门窗表面整洁,色泽均匀,门窗上没有划痕和创伤,门与窗中间的缝隙要一致,从而保证门窗开启灵活。要保证门窗窗框与墙体间的间缝缝隙符合相应的要求和标准,使得门窗与墙体的连接密实、饱满,还要使得密封胶的表面比较光滑,没有裂缝。保证建筑物门窗的气密性、水密性、空气渗漏性能,提高建筑物门窗的抗风压性能,对完成安装后的门窗进行抽样检测。在与避雷装置进行连接的过程中,要保证连接装置符合相应的设计要求。在对门窗中的玻璃进行工程施工时,要保证玻璃的表面清洁,不能有污渍,如果门窗中的玻璃是中空性装置的,必须要保证玻璃的中空层不能进入灰尘或水汽。要保证门窗的建筑施工材料满足设计要求。

二、门窗工程施工工艺

(一)木门窗安装

木门窗大多为木材加工及广场内制作,施工现场一般以安装木门窗框及内扇为主要施工内容。安装之前,应当按照设计图纸进行检查和核对好型号,按图纸对号分发到位,安装门框之前要用对角线相等的方法进行复核。

门窗安装前,要先测量门窗框洞口的净尺寸,在砌墙的时候预先留出门窗洞口,洞口尺寸比门窗框尺寸大约 20 mm,门窗框塞入之后先用木楔临时固定,要求横平竖直,校正无误之后,将门窗钉牢在木砖上。

(二)钢门窗安装

随着当前建筑工程的不断发展及各种新型材料的不断应用,在当前建筑工程应用的过程中,钢门窗逐步成为当前门窗工程中的主要材料,特别是在工业厂房中应用较为广泛。当前应用较多的钢门窗主要是实腹钢门窗。实腹钢门窗在工厂加工制作之后整体运到现场进行安装。钢门窗现场安装之前,按照设计要求,对其型号、规格、数量、开启方向及其所带的五金零件是否齐全进行检查,凡有翘曲、变形,调直之后再进行安装。

1. 材料产品要求

(1)钢门窗的品种、型号应符合设计要求,生产厂家应具有产品质量认证,并应有产品合格证,进场前进行验收。

(2)钢门窗五金配件及橡胶密封条,必须与门窗规格、型号匹配,且必须保证其质量。

(3)采用 325 号及其以上水泥,砂为中砂或粗砂。

(4)各种型号的机螺丝、焊条、扁铁等,应与钢门窗预留尺寸吻合,其固定方法符合设计要求。

(5)涂刷的防锈漆及所用铁砂等均应符合图纸要求。

2. 安装方法

在钢门窗安装的过程中,采用后塞口方法进行安装,在洞口四周墙体上预留埋设铁脚连接进行固定,或者在结构内预埋铁件,安装时将铁脚焊接在预埋件上,在安装的过程中要保证框与扇连接成一体,用木楔临时固定,然后用线锤和水准尺进行垂直与水平方向的校正,做到成排门窗应上下高低一致,进出一致。

3. 应注意的质量问题

(1)翘曲和窜角。钢门窗加工质量不符合标准;在运输堆放时,不认真保管;安装时,垂直平整自检不符合要求。安装前,应认真进行检查,发现翘曲和窜角及时校正处理。

(2)铁脚固定不符合要求,原预留洞与铁脚位置不符,安装前没有检查和处理,在安装时有的任意将铁脚用气焊割去,有的将铁脚打弯后勉强塞入孔内,严重影响钢窗的安装牢固性。

(3)上下钢门窗不顺直,左右钢门窗标高不一致,没有按操作工艺的施工要求进行。

(4)开关不灵活。抹灰影响了门窗开关的灵活性,安装时垂直方正没找好,或门窗劈棱和窜角。要求在钢门窗安装后进行开关,看是否灵活,对其影响开关的抹灰层剔除重新补抹,对门窗劈棱及窜角应及时进行调整。

(三)塑料门窗安装

塑料门窗及其附件在安装的过程中应当符合国家相关标准,按照设计选用,塑料门窗不能够出现开焊、断裂等损坏现象,如有损坏,要进行及时修复或更换。塑料门窗进场之后,应当存放在室内并且与热源隔开,以免出现受热变形等故障。

塑料门窗的线性膨胀系数较大,温度升降易引起门窗变形或在门窗框与墙体间出现裂缝,为了防止出现上述现象,特规定塑料门窗框与墙体间缝隙应采用伸缩性能较好的闭孔弹性材料填嵌,并用密封胶密封。采用闭孔材料则是为了防止材料吸水导致连接件锈蚀,影响安装强度。在安装的过程中,先要装五金配件和固定件,由于塑料型材大多数属于中空材料,其材质脆弱,因此安装过程中不能够使用螺丝直接锤击拧入,应当先用手电钻钻孔,然后使用自攻螺丝拧入。钻头直径应当比所选用的自攻螺丝直径略小,这样可以防止塑料门出现局部变形或者凹陷现象,保证安装质量。

塑料门窗框与洞口墙体的缝隙一般都使用软质保温材料,但是不能塞得太过紧凑,否则会使框架受到挤压而出现变形,但是也不能塞得太松,否则会使得缝隙密封不饱满,在门窗周围形成冷热交换区,影响门窗安装质量。

(四)铝合金门窗安装

铝合金门窗安装前,应根据设计施工图检查门窗品种、规格、开启方向及支撑件、附件,并对其外形平整度进行校正,合格后方可安装,并按设计要求检查洞口尺寸。

铝合金门窗框的安装应在室内粉刷和室外粉刷等湿作业完毕后进行,门窗扇的安装应在门窗框粉刷完毕后进行。土建施工时应在门窗框安装前弹出门窗垂直线、水平线、进出线,并提供主体避雷连接点,以便铝门窗工程防雷系统与主体连接。

安装门框时,应注意室内地面标高,如果内铺地毯、地板等应预留相应的间隙。地弹簧表面应与室内地面标高一致。

铝合金门窗装入洞口应横平竖直,外框与洞口应弹性连接,连接件厚度应在1.5 mm以上,宽度在20 mm以上,其间距不大于500 mm,连接件经镀锌等处理。预埋件与墙体连接时,应交叉向内向外设置,锁位上必须设连接件。可采用焊接、膨胀螺栓或射钉固定。固定后,逐件验收并作出安装记录。

铝合金门窗安装的过程中要注重在水平与垂直方向应做到整齐一致,安装之前应当先检查预留洞口的偏差,尺寸偏差较大的部位应进行剔凿或者填补处理。在洞口弹出门窗位置线,安装前将门窗立于墙体中心线,也可以将门窗立于内侧。门窗安装的过程中要注意室内地面的标高。

三、建筑门窗工程质量控制的措施

(一)门与窗位置合理设计

必须严格按照建筑工程质量要求施工,在设计墙体时,可以用经纬仪从门窗的最下层开始逐渐向中线引测,或者用线锤从最上方的门与窗中线向下引测,在设计墙体时,要事先量好尺寸,不要将门与窗设计得过大或过小。应当控制好标高,使门与窗平齐。如果门与窗的位置偏差较大,就要拆除门窗窗框与门框,把门窗位置修整调节好以后,再重新安装。

(二)门窗的运输与存放

门窗一般在安装之前就运抵施工现场,为了保证门窗安装工作的有效进行,必须对门窗进行妥善存放。为了保证门窗在运输和存放的过程中不发生变形,一般需要在底部垫100 mm×100 mm的方枕,间距控制在500 mm左右。对于露天存放的门窗,用帆布遮盖。金属门窗的存放要远离酸碱等化学物质,避免化学物质挥发造成金属门窗的腐蚀,同时应存放在干燥通风的地方。塑料门窗不能水平堆放,因为重力很容易导致塑料门窗产生变形,塑料门窗要放置在温度较低的地方,周围不能够存在热源,由于塑料门窗的主要材料是聚氯乙烯,一旦受热就会产生变形。无论是存放塑料门窗还是金属门窗,都需要在门窗之间用泡沫板等隔开,以保证相互之间的完整。温度对于露天存放的门窗影响较大,一般来说5 ℃以下的温度存放的门窗不能够立即使用,至少要放置1 d才能投入使用,因为过低的温度会导致门窗产生收缩变形,而在安装之后门窗恢复正常温度的过程中又会产生膨胀,从而导致墙体挤压门窗框,形成永久性的形变,影响门窗的正常使用。

(三)门窗安装前的检查工作

在进行门窗的安装施工之前,要核对门窗的宽度和高度是否符合设计的要求,还需要检查门窗的零部件是否完整、是否有出厂合格证等。有些门窗要经有资质的检测机构检测合格后才能进行安装。

(四)门窗的固定

门窗固定的常用方式有焊接、膨胀螺栓以及射钉等方式,但是对于不同的墙面,应该采用不同的安装方式来固定门窗。以砖墙为例,在安装门窗时不能用射钉的方式来安装,因为射钉会使砖破碎,门窗难以稳定固定,很容易造成安全事故。一般来说,与墙体连接的预埋木砖应该选择防腐木砖，这样才能够有效延长门窗的使用寿命。

（五）成品保护

一般来说，在门窗的设计和制造过程中并没有将门窗当作受力构件，因此无论是在使用门窗还是安装的过程中，都不能将门窗作为承载物，当前施工工地上常见的一种现象就是在门窗框上面搭建脚手架或者是悬挂重物来进行其他的施工操作，这种操作是不符合规定的。将门窗框当作脚手架或者悬挂重物都会导致门窗的变形，最终影响门窗的正常使用，严重时这种不规范的施工行为甚至还会造成人员伤亡。

无论是金属门窗还是塑料门窗，都应该做好成品保护，这样才能够起到装饰的效果。对一般的金属门窗来说，金属表面都有氧化膜或者是镀膜，能够在保证其美观性的同时，还防止腐蚀，因此在运输和存放时应着重加以注意，不要破坏了门窗表面的氧化膜或者是镀膜。对于塑料门窗来说，塑料门窗表面存在擦痕会影响其美观度，因此也要尽量避免。

总之，随着社会的发展，各种材料在门窗工程中的不断应用，其安装措施和安装手段也在不断进步与完善。

第四节　吊顶工程

在建筑装饰装修过程中，对诸多装修材料提出了较高要求，其中石膏板吊顶的隔热保温效果显著，而且防火性能也比较显著，在建筑装饰室内装修中得到了广泛应用。在建筑装饰装修吊顶工程中，接缝等问题经常出现，这时应加强施工管理，制定完善的应对措施，充分彰显出石膏板的使用效果，不断提高吊顶工程施工管理水平。

一、石膏板吊顶的形式与技术

在顶棚装修中，石膏板属于饰面材料之一。它主要包括直接式顶棚、悬吊式顶棚、综合式顶棚等。直接式顶棚是将石膏板装饰材料直接粘贴在楼板结构层底部，其造价比较低廉，而且工期较短，在要求不高的家庭、办公楼等顶棚装饰得到了广泛应用。悬吊式顶棚主要包括吊杆、龙骨、石膏板等材料，其构造技术具有较高的复杂性，可以隐藏各种管线、通风管道等设备，也可以加强空间高度的变化。综合式顶棚集中了直接式顶棚和悬吊式顶棚的优点，分别将其装饰构造优势发挥出来，而且由于石膏板的可刨、易加工等特点显著，所以可使艺术效果得以展现。

二、吊顶施工现状

随着我国经济社会的不断发展，人们对于居住环境的要求也不断提高，吊顶作为兼具美观性与功能性的建筑装饰，逐渐成为当前建筑装修中不可或缺的一环，在室内装修工程中被大量使用。吊顶具有美化环境、隔热保温、隔音降噪等作用，可有效提升室内亮度，在室内软装中优势明显。吊顶主要材质有轻钢龙骨、铝合金、板材等多种。吊顶在整个居室装饰中占有相当重要的地位，对居室顶面作适当的装饰，不仅能美化室内环境，还能营造出丰富多彩的室内空间艺术形象。然而，由于对吊顶的尺寸、标高等都有着一定标准要求，因此当龙骨、吊杆出现规格不均匀、材质低劣、安装间距过大、连接方式不佳等诸多问题时，吊顶的质量问题将逐渐在后续使用中凸显，其防腐、防火等性能也将受到较大影响，严重时还会造成吊顶脱落等事故。

三、吊顶施工的常见问题及处理建议

（一）吊平顶塌落事故

引起吊平顶发生塌落事故的原因有很多，如“朝天钉”“撑平顶短气针”等。这种情况多因为楼板进行固定时，错误地使用了螺丝或铁钉，比如有些施工队伍为了偷工减料，会将气钉朝天钉入吊顶，进行木质材料的固定。或用射钉朝天钉入混凝土，进行固定吊杆或主次龙骨的固定。装修工作完成后，吊顶内的钉子承载一段时间重量后，其摩擦力将逐渐减小导致龙骨下滑。当平顶出现震动时，也有可能造成木吊杆超负荷劈裂等严重后果。

（二）粉刷顶塌落事故

在实际施工中，由于房屋楼板地面平整度差、粉刷找平层厚度超标、板底掺入杂质粉末、混凝土模板安装高低不平、脱模机质量差、模板缝填补效果差等多种原因，都有可能造成粉刷平顶的塌落事故。造成粉刷顶塌落的本质原因是粉刷层无法黏结楼板层，出现空鼓、裂缝等严重质量隐患，再加上修补措施不及时、装修施工机具震动等外界因素，引发平顶塌落事故，极易造成人员伤亡与财产损失。

（三）吊平顶不平整

在吊顶施工作业中，安装牢固、不松动、表面平整是基本要求。然而，实际作业中却经常出现吊顶呈波浪形、表面下沉、不平整等情况。造成这些失误的原因主要有：进行吊平顶施工前未核准水平基准线或施工过程中未按照基准线施工，吊杆间距过大，龙骨间距过大，吊杆受力不均，龙骨变形、弯曲，接缝突出以及吸潮变形等。因此，在吊平顶进行封板操作前，施工人员应反复检查吊点、龙骨、吊杆的安装情况是否符合标准要求，避免吊点移位、龙骨不牢固、吊杆弯曲歪斜等情况，一旦发现应及时安排相关负责人员进行调整，必要时应采用拉线、尺量等方法检查吊平顶平整情况。此外，在安装龙骨前，需要对房间净高进行详细的核查，做好支架标高与设备标高的检验工作，对于不上人吊顶，在安装过程中，禁止放置施工器具；对于大型上人吊顶，在安装完龙骨之后，需要为安装人员设置通道。同时，严格选材，保证罩面板质量。胶合板、纤维板不得有脱胶、变色和腐朽；钙塑板、塑料板选材应注意板面四周厚薄一致，无色差、皱纹、坑洼、麻点和翘曲；进场前，要严格进行验收，不得使用不合格的罩面板材料；对长宽尺寸偏差太大、厚薄不一致的或松散、掉角的要退回厂家。

（四）暗架顶裂缝事故

吊顶施工中，平顶安装完毕后，部分平顶板面接缝部位会出现裂缝事故，其原因多为板面接缝部位有破损、板面遇水后干燥收缩、板缝处理不达标、平顶硬度不达标等。施工作业中，工程人员应提前处理缝隙内的杂物，清除缝隙内有可能造成松动的物体，用腻子等工具填平缝隙，保证平顶压实平整，避免板缝内再次出现裂缝。同时，还应尽量采用小钢筋或铁丝吊杆，确保吊杆与龙骨之间不松动，加强平顶刚度。

（五）板面开裂问题

施工不当会导致叠级式吊底位转角部位的板面开裂，或者窗帘箱细模板对接位置开裂。以上问题的存在都会影响吊顶成形质量,甚至会引发严重的坍塌事故,在房屋使用一段时间后,吊杆数量少,也会导致龙骨下挠。为此,在施工过程中,对于上人平顶,要尽量采用直径8~10 mm的成品螺纹杆,间距以900~1 200 mm为宜,将主龙骨间距控制在1 000~1 200 mm,如果吊杆长度超过了1.5 m,需要采用角铁进行固定,并在龙骨中设置加固措施。在安装龙骨与平顶吊杆之前,需要做好材料检验工作,检验方式以尺量、手测、观察法为主,材料检测合格后方可使用,严禁使用劣质材料。

四、建筑装饰装修吊顶工程施工管理措施

(一)合理应用施工工具

在装饰工程施工中,施工班组专业人员应注重开展机具检修维护工作,为机具的正常运行提供强有力的保证。在石膏板施工中,项目管理人员要妥善分类和保管好施工机具,加强施工机具领用登记制度,规范领用和保管,操作人员在领用工具时,应将其使用目的告知库管人员,库管人员应规范发放机具,避免对机具使用寿命造成不利影响。在施工过程中,针对每一台设备,企业应加强维修档案的制定,保证进场设备检测合格。针对手持工具,工程部应结合不同工种,将工具明细列举出来,入场前,对各工种自备工具予以检查,确保设备、器具正常运转。

(二)加强材料管理

在建筑行业市场不断发展过程中,涌现出了较多的石膏板材料,质量的差异性显著。在选择石膏板时,应优先选择表面平整、色泽一致等石膏板。在材料进场前,应加强报验工作,封样保存好业主同意的材料样品,分别预留给项目业主。在材料进场后,对相关检测报告进行分析和报验,材料在报验合格后才能使用。在进场材料的管理过程中,加强限额领料制度,在库管员发货时,前提是施工人员要及时签发限额领料单,实现提高质量和节约成本的双重目标。

此外,在施工前期的选材方面,众所周知,在装饰装修费用中,装饰装修材料占有较高的比重,所以必须正确使用装饰装修材料。施工时,材料供应部门应确保材料或构配件供应的规范性,施工单位落实好进场材料的验收和复验工作,拒绝使用质量不合格的材料。

(三)注重处理施工问题

面对石膏板吊顶内部结构问题,应制定完善的应对措施,在安装吊杆时,应按照石膏板规格尺寸,为确定吊杆间距提供有力的依据。轻钢龙骨吊杆间距至少为1 200 mm,龙骨与墙面之间的距离应保持在100 mm以下。在选用大块板材的情况下,间距应不大于500 mm。在处理石膏板吊顶饰面结构问题方面,加强悬吊式石膏板吊顶的应用,在施工之前,做好四周墙上弹线找平,中间水平线的起拱高度,应小于房间短向跨度,具体保持在1/200左右比较适宜,避免龙骨出现不顺直现象。在石膏板施工过程中,基于无应力状态下,固定石膏板。自攻螺钉与板边的距离应在10~16 mm,板中间螺钉的间距至少取150 mm。在安装石膏板时,如果采用粘贴法,应均匀涂刷胶黏剂,防止漏刷现象。

总之,吊顶工程的施工程序复杂、用料多样,每个施工环节都不可能从整体施工中独立出来,环环相扣,不可松懈。施工人员应严格按照国家相应政策法规所规定的施工标准进行施工,把握每个环节的关键点与易错点,降低施工事故的发生率,提高施工作业效率。

验收人员应加强对国家相关质量验收标准的学习，在验收过程中应严格检查各项容易出现安全事故的细节，严格控制验收标准，保证吊顶工程的牢固与美观。

第五节　玻璃幕墙施工

建筑行业在促进社会进步和经济发展方面有着很大的作用。作为当今时代的高科技产品，玻璃幕墙已经逐渐成为现代建筑的主流。玻璃材料能从不同角度产生不同的色调，并且能随着日月星辰的变化为人们带来视觉上的享受。但玻璃幕墙在使用中存在着光污染、能耗高等缺点，并且玻璃幕墙不耐污染。如果空气中尘埃过多，就会影响玻璃幕墙功能的正常发挥；如果施工质量不符合标准，玻璃幕墙就会在视觉上产生色差，造成室内热量的散失。因此，在使用玻璃幕墙时，施工人员要保证施工质量，安装技术人员需要掌握良好的安装技术。

一、玻璃幕墙工程施工工艺

玻璃幕墙工程项目涉及施工工序较多，如工程项目的施工准备、施工材料的选择、放样制作、材料构件安装、玻璃安装以及工程打胶等。所以，玻璃幕墙工程在实际施工的过程中必须要严格依照施工流程进行，并且对所有的细节进行管理和控制。玻璃幕墙工程项目的施工工艺流程主要分为以下六步。

（一）测量放线

建设单位需要依照土建主体以及幕墙分格大样图确定该项目的标高点、轴线位置以及相应尺寸，在工程项目中运用钢丝线、重坠、测量设备以及水平仪等器具，判断并确定立柱、幕墙平面、转角及分格等基准线，同时运用经纬仪对其进行调整及复测工作。分格测量放线应该和主体结构的测量控制线相符合，并且做到逐层放线，进而减少误差问题。在经过设计人员以及监理人员的同意之后，应该恰当地调整好整个幕墙的轴线，让幕墙轴线能够达到整体设计的要求。工作人员在进行测量放线工作时，应该注意做好原始记录，从而为绘制工程的二次排版图提供最为有效、真实的数据信息。另外，工作人员在测量放线的过程中，应对预埋件的位置、尺寸以及标高等进行严格审查，发现偏差大于规定标准的时候，应该把信息反馈给相关部门及施工设计人员。同时，以幕墙分格大样设计图作为蓝本，依照主体结构的施工及工程现场的测量放线情况提供的有关信息与资料，且按照幕墙的规定标准及构造要求，对支托节点、金属骨架、边口、幕墙分格、节点构造以及转角等进行二次排版图。

（二）检查型材

对于幕墙玻璃进行材料质量检测是施工工艺流程的第二步。不同的幕墙应根据设计的要求运用不同材质的玻璃，并且在这个过程中对玻璃材料的实际尺寸以及幕墙边框的实际尺寸进行对比核查，同时确保垂直方向以及水平方向的连接的精准度。此外，若玻璃上出现不明污点、机械刮痕、凹凸不平以及出现异常裂缝等，绝对不能够进行安装使用。

（三）幕墙安装

在对幕墙进行安装的过程中，应该依照玻璃材料的种类进行，如果是元件式的幕墙，那么工作人员应由下往上进行安装工作，如果是单元式的幕墙，那么工作人员应依照由上往下的顺序安装。幕墙安装完成之后，工作人员应该对整个幕墙进行详细核查，确保整幅幕墙保持在同一水平面上，绝对不能够出现凹凸不平、裂痕、褶皱、变形以及波纹等问题，安装幕墙的工作是整个工程项目的主要环节之一，所以不能够出现任何问题。

（四）锚固焊牢

锚固焊牢是施工工艺流程的第四步，连接件应该依照测定的连接点中心位置进行固定，工作人员要先把L形转接角钢码运用M16螺栓固定在预埋件上，并且在预埋钢板面和角钢码之间添加圆钢条或者是钢板进行支垫，同时进行满焊。然后再把竖向铝立柱运用不锈钢螺栓仔细地固定在转角钢码上面，螺栓的两端和转角钢码接触的部分分别加入一块厚圆形垫片。最后，对玻璃材料板块上的附框工作人员可以运用外沿板经过螺母、螺栓以及立柱横梁进行固定连接的工作。

（五）密封严密

由于玻璃有热胀冷缩的特性，因此项目设计人员应该全面考虑，不能够忽视这个问题。在安装的过程中，应该确保玻璃与玻璃之间的间距，另外还有玻璃与边框之间的间距，而间距的实际距离应该依照工程现场的实际情况计算并确定，通常情况下，间距之间的大小必须满足要求。此外，间距部位应该运用密封胶条与橡胶条进行密封，之后应该确保幕墙的表面处于光滑清晰以及平整透明的状态。全部密封之后还应该运用专业设备以及仪器对其进行严格检测。

（六）成品保护

材料、半成品应按规定堆放，安全可靠，并安排专人保管；在靠近安装好的玻璃幕墙处安装简易的隔离栏杆，避免施工人员对铝制的玻璃有意或无意地损坏；施工中玻璃幕墙及构件表面的黏附物应及时清除；加工与安装过程中，应特别注意轻拿轻放，不能碰伤、划伤，加工好的铝材应贴好保护膜和标签；玻璃幕墙安装完成后，应制订清扫方案，清洗玻璃用的中性清洁剂应进行腐蚀性试验，中性清洗剂清洗后应及时用清水冲洗干净；幕墙在施工过程中以及施工完毕后未交付前，工地必须专门针对幕墙制定24 h轮班守卫制度，换班时间明确，坚持"谁值班谁负责"的原则，明确值班人员职责范围。

二、玻璃幕墙工程的质量控制重点

玻璃幕墙工程主控项目应包括下列项目：①玻璃幕墙工程所用材料、构件和组件质量；②玻璃幕墙的造型和立面分格；③玻璃幕墙主体结构上的埋件；④玻璃幕墙连接安装质量；⑤隐框或半隐框玻璃幕墙玻璃托条；⑥明框玻璃幕墙的玻璃安装质量；⑦吊挂在主体结构上的全玻璃幕墙吊夹具和玻璃接缝密封；⑧玻璃幕墙节点、各种变形缝、墙角的连接点；⑨玻璃幕墙的防火、保温、防潮材料的设置；⑩玻璃幕墙防水效果；⑪金属框和连接件的防腐处理；⑫玻璃幕墙开启窗的配件安装质量；⑬玻璃幕墙防雷。

总而言之，玻璃幕墙工程施工是一项综合性工作，不但专业性较强、施工技术含量高，还要求产品具有足够的安全性，假如工程项目中某一个施工环节出现质量控制不严格的情况，就很有可能留下质量安全的隐患。

第六章　防水工程

第一节　屋面工程防水施工

屋面防水工程,防水材料的合理使用是基础,现场施工过程管理是重点,使用期规范化管理与检修发挥着保障作用。如果施工中选用了优质材料,但施工过程管控不严、操作不规范等,最后依然不能取得合格的工程质量,因此应加强现场施工过程的管理控制,最大限度提升防水工程施工质量。

一、建筑屋面渗漏的成因分析

(一)材料因素

材料是建筑工程施工的基础,防水材料的使用直接影响实际防水效果,但部分施工方没有重视防水材料的质量及防水性能,选用材料时没有进行复测;防水施工活动中为减少成本支出,选用了质低价廉的材料,防水材料自身质量不达标且没有防水工程质量设计要求,一定会降低建筑防水施工质量。因此,具体施工中要高度重视防水材料的选用,加强监督管理力度。

(二)施工工艺因素

在屋面施工中,因为施工队伍人员技能水平高低不齐,质量管理意识不足,没有深入了解施工规范或前期技术培训工作不到位等,工程施工工艺存在着各种问题,致使屋面局部发生较严重的渗漏问题。防水施工中为了赶工期,没有严格按照设计施工流程、规范及标准要求等组织施工,细节处理不到位,如节点部位防水层没有做收头密封处理、无施工条件、牵强施工、野蛮施工等。有关部门没有主动落实监管责任,对施工效果造成不良影响。

(三)结构原因

屋面承载量过于集中使变形缝增大,气温变化引起混凝土面膨胀而产生屋面板裂缝,地基产生不均匀沉降导致屋面板开裂,屋面板与支撑结构连接处受到外力不均匀,使屋面板开裂。

(四)设计不当

屋面防水层与相邻部位防水层未形成连续整体,如屋面防水层与外墙防水层在女儿墙部位断开,留下渗漏隐患;大跨度的屋面仅设计使用防水涂料,防水层开裂渗漏;没有设置节点密封处理,造成金属、塑料等材质结构与混凝土交接处渗漏。

(五)后期维护原因

后安装设备破坏原防水层,没有及时进行修补;檐沟、落水口等垃圾、落叶、尘土堆积,排水不畅,积水严重,引起渗漏。

二、屋面防水技术工法

（一）分格缝的设置与操作方法

建筑屋面找平层施工时，要布设填筑密封料的分格缝，维持分格缝和屋面板缝一致，建议将其布设在屋面支撑板的转弯及接缝位置，减轻温度等环境因素及材料自身收缩属性对板层形成的影响，降低局部裂缝的发生率。通常要求两个分隔缝之间的距离不大于 6 m，当缝间距离大于 6 m 时，一般建议于板中间位置布置贯穿整个防水层的型缝。如果选用沥青等防水建材，缝间最好增设 200～300 mm 油毡，确保其密封性符合工程质量要求。

（二）屋面找平层施工

找平层防水施工时，一般是先采用排水坡度 3%结构找坡的办法，之后利用水泥、炉渣或混凝土材料以混合配比 1∶6的比例进行找坡，并用水泥、砂浆材料配比 1∶2.5 布置厚 25 mm 的找平层，在此基础上以 2%精准率进行找坡，科学布置疏水道以及流向，控制疏水位置厚度大于 30 mm，借此方式减少或规避局部存水现象，建筑屋面浇筑施工时，配合应用专业滚压设施夯实物体，以最大限度地改善其防水性能。

（三）钢筋网片及细石混凝土刚性防水层施工

针对钢筋网片的规格大小，建议选用断开于分格缝 ϕ5@ 200×200 型双向冷拔片，在屋面防水层局部布置钢筋网片，其有益于提高结构层的刚性以及整体性。在防水层内布置钢筋网片时要确保网片处在其上方，以防环境温度明显波动造成该层面发生开裂问题，并且要在网片外周布置厚度约为 10 mm 的防护层，以防建材局部发生碳化而降低钢材的使用性能。要求细石混凝土防水层刚度 C25，水泥强度 42.5 MPa，采用机械化作业方法将原材料配比控制在 0.55 以下。确保混凝土材料厚度在 40 mm 以上，规避出现因材料厚度不达标而导致的局部脱水问题，使建材的渗透性得到一定保障。同时，严格按照既有建筑规范等处理材料的表面，浇筑施工 12～24 h 以后才可以进行养护作业，认真落实养护规程，处理好各项细节性问题，使屋面防水层施工效果得到更大保障。

（四）屋面隔离层的施工

屋面隔离层处于找平层与刚性层之间，隔离层施工之前一定要确保基层表面整洁、干燥，隔离板自身紧紧贴靠在基层上，真正做到铺平垫稳，分层铺筑时一定要错开上下层接缝，拼缝严密度符合设计要求，配合使用同类型建材嵌填板间缝隙，确保其足够密实，粘贴要牢固，找坡操作准确。具体施工时，要格外关注如下几点问题。

（1）在建筑屋面上铺筑隔离层之前，一定要确保基层平整、干燥、洁净。

（2）若测量发现屋面坡度不大于 3%，建议平行屋脊铺贴防水卷材；当屋面坡度为 3%～15%时，可以平行或垂直屋脊铺贴卷材；当坡度大于 15%或屋面自身承受一定震动时，一定要垂直屋脊铺贴卷材；上下层卷材严禁垂直铺贴。

（3）大面积屋面防水卷材铺贴施工前，要组织工人对落水口、天沟、女儿墙以及沉降缝等处做强化处置，特别是做好泛水处理工作，随后按照设计图纸铺贴卷材；如果铺贴连续多跨或高低跨建筑屋面，要遵照先高跨后低跨、先远后近的顺序操作。

（4）当垂直于建筑屋脊铺贴防水卷材时，则要由屋脊向檐口进行铺贴，压边操作顺着主导风向,接头顺着流水方向,屋脊位置严禁布置搭接缝,一定要确保卷材相互越过屋脊进行交错搭接,进而最大限度地提高屋脊的防水性与耐久性。

(5)要求施工外界环境温度大于 5 ℃。

三、屋面防水工程施工质量的控制策略

(一)科学选用防水材料

施工方在参与屋面防水施工活动时要做好防水卷材的选择工作,结合建筑物的防水要求选用性价比较高的产品。施工管理人员要明确建材的防水级别、防水施工环境特征、气候条件、防水建材性能、防水层结构类别等,在此基础上全面梳理及分析各项数据,参照防水建材市场行情编制合理的材料选购方案,这种做法一方面能使屋面防水工程施工效果得到保障,另一方面也能有效控制工程造价。如果建筑屋面对防水施工质量提出较高的要求,那么施工方可以尝试应用高分子防水卷材、补偿收缩混凝土刚性防水建材等,以规避防水层开裂、渗漏等质量问题。

(二)合理组合防水材料

当下,市面上可供选用的屋面防水材料品类较多,工作人员在参与方案设计活动时一定要遵循科学组合原则,全面提升屋面防水施工成效。若现场施工时单纯应用厚 2 mm 聚氨酯防水层材料,通常难以取得满意的防水施工效果,主要是因为很难精准控制这种建材的厚度,若屋面防水技术要求较高,就会很难取得理想效果,因为这种材料自身的防渗漏性较好,故而施工中可以配合应用其他品种卷材进行防水,卷材搭接操作时规避出现渗漏问题,改善屋面的防水施工效果,优化质量。

(三)规范施工操作流程

首先,要明文列出参与建筑屋面防水的施工人员应严格遵守的技术要求及操作规程,例如,找平层施工时,按 1:3比例混合水泥砂浆以配制基层材料,并规范铺设,将其厚度控制在 2~3 cm,一定要确保水平表面平整,规避开裂、脱皮、空鼓等问题,坡度也要满足设计要求,减少或规避倒水、泛水等问题,控制其承受力强度在 8 MPa 左右,在此基础上铺筑卷材。找平施工时控制预留间距不大于 6 m 的分隔缝,促进隔热层内水分的蒸发过程,借此方式将防水层内外气压维持在适当水平,这是降低防水层局部鼓包情况发生率的有效方法之一。涂刷层施工前要清洁防水基层,随后均匀涂抹涂刷层处理剂,有益于增加防水卷材与防水基层的黏结效果。

其次,现场施工中要科学处理墙体边角、管道边缘、落水口、阴阳角,适度增加涂刷面积,并且也要确保涂刷操作过程的均匀性,通过这种方式提升防水施工效果。附加层施工时要高度重视女儿墙、变形缝、斜沟位置的处理情况,严格按照设计图纸铺贴卷材,节点铺贴在前,大面在后,并遵守由低至高、从远到近的原则,并做好蓄水试验,确定合格以后再组织质量验收。在铺贴防水卷材时,先要剥开卷材脊面的隔离纸,随后将其粘贴于基层表层,搭接卷材时要预留 50 mm,短边搭接施工时预留 70 mm,以使卷材的实际搭接质量符合设计要求,增加卷材铺筑的牢固性。

最后,防水卷材的铺筑施工还要尽量维持一种相对自然松弛的状态,规避因拉力过紧引起的施工质量问题。卷材铺设结束时,要立即应用平面震动工法进行压实处置,把油漆

均匀涂刷在卷材搭接位置，随后使搭接位置黏合密实，减少局部裂缝、渗漏等问题。密封防水建材现场施工时要加强细节问题的控制，比如严格按照设计要求选用防水材料，结合防水材料品种的差异编制相应的施工方案，这是优化防水工程施工效果的基础。

（四）完善管理和维护工作

首先，做好工程使用期间的管理工作。工程完工交付使用后，使用单位及物业管理单位一定要自觉加强屋面质量的保护意识，严禁在屋面上私自堆放杂物，不可以在屋面上安装天线、太阳能热水器及其他和屋面无关的构件，以防破坏屋面结构层，建筑使用过程中物业管理单位要指派专业人员加强管理，建立健全管理制度，确保其能在管理期安全、可靠运行。

其次，定期开展检查活动。具体是建立“三定”（定时间、定人员、定方法）检查方法，认真执行检查工作，以严谨的态度填写检查记录表，建立完整的运行体系。雨季前后，物业管理单位要指派专人清除屋面垃圾、检查屋面排水系统是否畅通，尤其是不上人屋面更要加强不定期检查力度，大风、雨雪天气以后要及时清除掉屋面上的落叶、积雪等杂物；对于上人的屋面，要时常组织人员清扫，确保排水管道运行畅通。

最后，进行专业化检修与渗漏分析。建立科学合理的检修制度。结合不同区域的实际状况，聘请专业队伍定期开展屋面的维修保养，确保相应工作协调推进，增加建筑物的使用年限。防水层局部开裂是屋面防水层常见的质量问题，经过冬夏季节气温交替变化，建筑屋面混凝土构件发生不同程度的伸缩变形，造成卷材结构因拉裂而发生渗漏问题。防水卷材的裂缝主要有两种，即有规则裂缝与无规则裂缝，前者通常是直线状，局部可能出现弯曲状；而对于无规则裂缝，其长度、位置以及外形等均没有规律。另外，形成的这些裂缝产生渗漏问题复杂，故而在开展检修工作之前要明确渗漏的具体位置，这是一个十分重要的步骤，如果没有精准确定渗漏部位而盲目进行检修，则很难取得理想的维修效果，甚至会导致防水层结构局部破损。屋面局部鼓包也是防水层开裂的一个常见诱因，会直接降低防水卷材的耐久性，施工管理人员要及时处理鼓包问题。结合防水层起鼓直径大小做出相应处理，若其直径不大于 10 cm，建议用抽气灌油法处理；若鼓包直径大于 10 cm，利用切割法检修通常能取得良好效果。

总之，屋面防水施工是建筑建设活动的重要内容之一，防水工程质量直接关系建筑物后续使用效果，影响广大业主的生活质量。为了使防水工程施工质量有所保障，一定要加强防水卷材现场施工过程质量的控制，有针对性地完善管理制度，做好后期检修养护工作，真正实现多方协调控制，只有这样，才能减少屋面渗漏隐患，提升业主满意度。

第二节　地下防水工程施工

随着我国科学技术以及经济水平的不断提高，我国建筑施工技术也取得了较大进步，各种新式防水技术也被引入防水工程中。随着人们生活水平的不断提高，其对建筑物的质量以及各项性能的要求也不断提高，这就要求建筑企业应当重视完善自身的施工技术，提高建筑的防水性能，有效降低建筑成本，进而促进自身的稳定发展。

一、地下防水工程施工的必要性

稳定性和坚固性是建筑工程的首要要求,但是防水性能也是衡量建筑物好坏的重要因素,提高建筑物的防水性能不仅可以提高建筑物的稳定性,同时还能延长建筑物的使用寿命,使建筑物更加坚固。我国南方地区降水量较大,地下水位较高,这就要求施工单位应当对建筑物进行防水处理,阻止地下水反渗。只有采用良好的防水材料以及先进的施工技术才能有效解决地下水渗透的问题。此外,建筑物具有良好的防水性能,还能提高企业的竞争力,有效提高行业地位,促进建筑企业健康、稳定、创新发展。

二、建筑工程地下渗水的原因

建筑材料防水性能不好、地下环境改变以及施工人员操作不规范,会导致建筑物在施工过程中或者是在施工完成之后出现渗水,影响建筑物的正常使用。

(一)建筑材料防水性能不好

由于建筑工程的工期较长,施工过程用到的施工材料以及施工设备也比较多,施工材料的质量在一定程度上决定了工程整体的防水性能。虽然我国建筑水平较之前相比已经取得了较大程度的提高,但是由于建筑行业的飞速发展,建筑材料的种类也不断增多,许多商家也抓住了发展机遇生产建筑材料,这就导致建筑市场材料质量良莠不齐,许多材料的防水质量得不到保证。建筑企业如果为了降低自身建设成本而选用质量较差的材料,就会导致建筑物的防水性能不好,建筑物也极易出现漏水问题。此外,防水材料与设计方案不符也会导致其无法发挥自身的作用,导致企业需要花费大量资金去解决建筑物渗水的问题,严重阻碍了企业的正常发展进程。

(二)施工人员操作不规范

施工人员是建筑工程施工的主体,施工人员操作不规范会导致各项防水措施落实不到位,使建筑物无法满足用户的实际需求。随着我国建筑行业的不断发展,建筑工人的人数也逐渐增多,但是施工人员的整体施工能力不强,施工技术也不完善,这就导致施工人员难以应用先进的施工技术进行施工。管理人员没有加强对施工过程的监管也会导致防水施工不规范,施工人员盲目地进行工程施工不仅会降低工程的质量,同时还会引发一系列的渗漏问题,影响建筑物的正常使用。因此,建筑企业的管理人员应当重视提高施工人员的专业能力,不断规范施工,这样才能保证防水任务的圆满完成。

(三)地下水环境改变

由于施工现场环境的不断改变,地下水环境也在不断变化,这就导致地下水位也在不断变化。施工人员应当在施工过程中不断确认地下水位情况,采取有效措施避免由于地下水位升高而给建筑物带来的不利影响。施工过程需要不断下挖土壤,就会导致土层出现松动,进而影响地下水位以及土体结构。土壤结构的改变必将导致地下水位发生变化,而地下水位改变就会导致建筑物出现渗漏。施工人员需要实时掌握地下水位的变化情况并采取有效的施工措施。

三、地下防水工程施工要点

(一)外表防水层

1. 刚性防水层

刚性防水层运用混凝土的密实性满足防水要求,有着造价低、施工便利、取材容易的优点,缺陷是抗变形的能力较差。适用于防水混凝土结构的加强层和砖石结构的防水层施工,在腐蚀、高温及重复冻融的砖砌体工程环境中则不适用。刚性防水层分为掺外加剂和多层防水层两种施工办法。混凝土里添加防水剂构成防水砂浆,常用的有金属皂类和氯化物金属盐类,环境温度为5~35 ℃时施工作用良好,在沉降和变形稳定后施工,可在防水层内加金属网片削减裂缝。多层刚性防水层选用多层混凝土,逐层压实,阻断毛细水,构成一个多层防渗水的整体。运用强度不小于32.5级的普通硅酸盐水泥、膨胀水泥和矿渣硅酸盐水泥。

2. 柔性防水层

柔性防水层在工程中有着广泛的应用,使用沥青卷材粘贴形成的一种防水层,长处是延伸性好,能接受细小的结构振荡和细小变形;缺点是强度低,吸水率高,耐久性不足,且造价高,工序复杂,修理起来较为困难。卷材防水层施工可分为内贴防水法和外贴防水法。内贴防水法是将卷材铺贴在永久性建筑结构或构件上,卷材铺设结束后浇筑混凝土,运用条件是在施工环境条件恶劣、外贴法难以施工,宜先铺设立面,后铺设平面。外贴防水法是在建筑结构墙体施工后,将立面卷材铺贴在结构的外墙面,随着时间的推移,墙体外层的混凝土变得干燥,使室内保持干燥,是市面上卷材防水层的主要施工办法。

(二)结构防水

1. 一般防水混凝土

一般防水混凝土的原理是经过改变材料的配合比来增强混凝土的抗渗能力和密实度,砂浆包裹层阻止了构件外表的毛细管,添加了抗渗性和密实度。

(1)材料要求。一般防水混凝土配合比选用体积法,满足抗渗性、抗压强度、和易性、抗侵蚀性和抗冻性要求。运用的水泥强度不小于32.5级,水泥密度不小于320 kg/m^3;水灰比满足混凝土需要的抗渗等级和强度等级;灰砂比通常为1∶2~1∶2.5,砂率不小于35%。

(2)运用要点。基底要求厚度不小于100 mm的混凝土垫层,垫层的强度不低于C10等级;抗渗层的厚度不小于250 mm;裂缝宽度不大于0.2 mm,迎水面有钢筋时,保护层不小于50 mm;在侵蚀性环境中,耐腐蚀系数不小于0.8;在受热环境中,外表温度不大于80 ℃,否则应设置隔热层;剧烈振荡或有冲击结构的环境不适宜选用一般防水混凝土。

2. 外加剂防水混凝土

地下工程迎水面主体结构应采用防水混凝土,并根据防水等级的要求采取其他防水措施,故防水混凝土是地下防水工程中必须使用的一种材料。

防水混凝土一般指抗渗等级大于或等于P6级别的混凝土,主要分为普通防水混凝土、膨胀剂防水混凝土和外加剂防水混凝土三类。主要适用于工业、民用建筑地下工程、取水构筑物以及干湿交替作用或冻融作用的工程。

1)普通防水混凝土

普通防水混凝土指通过改善级配使混凝土密实度增加,但功能效果有限,一般不作为防水系统主要依托采用。

2)膨胀剂防水混凝土

膨胀剂防水混凝土由于在凝结硬化过程中能形成大量钙矾石,其作用机理不可控,易导致结构破坏引起安全问题,故钙矾石、氧化钙类膨胀剂已经被国家明令禁止使用。

3)外加剂防水混凝土

外加剂防水混凝土是指在混凝上拌和物中加入微量有机物(引气剂、减水剂、三乙醇胺等)或无机盐(如无机铝盐等),以改善混凝土的和易性,提高混凝土的耐冻融性、密实性和抗渗性,适用于泵送混凝土及薄壁防水结构。掺 QHBQ 纳米防水液的结构自防水混凝土属于多功能高性能复合型、自密实自防水混凝土。

(三)细部结构防水

细部结构主要包括止水带、止水螺栓、穿墙管道等的做法,这些部位假如没有及时处理到位是最常见的渗漏点。

1. 止水带的做法

止水带选用钢板止水带和中埋式止水带及外贴式止水带,作用较好,操作也比较简单。钢板止水带:在施工中止水带选用-400×3 钢板,止水钢板加工成每段不大于 3 m,便于操作。施工时,搭接部位选用双面满焊,焊缝饱满而且焊渣清理干净,装置的止水钢板应与墙体的钢筋焊接固定,钢板平直。橡胶止水带:运用钢筋和模板将止水带固定,装置时确保止水带定位准确,不损坏止水带,便于混凝土浇捣。现场衔接有必要选用热压硫化胶合,其接头部位外观平坦光亮。施工缝除止水带的施工还在混凝土浇筑前凿除表面松动的石子和钢丝网,用水冲刷干净。

2. 止水螺栓的处理

及时处理墙体穿墙螺栓部位的渗水问题。地下室外墙模板选用止水螺栓,两侧及中心止水环选用 4 mm 厚的钢板,直径 80 mm,与止水杆满焊。外墙在撤除模板后,在外螺栓的根部剔凿原预埋 20 mm×400 mm 的塑料垫块,然后气焊切断螺栓。螺栓割除后用防水砂浆堵密实并做成高出平面 5 mm 圆弧状,再刷 JS 防水涂料,将水泥砂浆圆弧全部包裹住,既可以防止发生较大变形,又有利于上层防水的施工,并确保卷材防水的质量。

3. 穿墙管道的防水处理

在管道穿过外墙、顶板结构时,要预埋钢套管,运用套管上需加焊钢板止水环,焊缝要满焊,先根据图纸定位到位,再装置预埋管件。管道穿过预埋套管时,需将方位找准,作暂时固定,然后一端用封口钢板将套管焊牢,再将另一端套管和穿管之间用沥青麻丝封顶密实,并在封口部位用掺有膨胀剂的细石混凝土封堵紧密。

四、地下防水工程施工注意事项

建筑工程地下防水工程施工技术主要包括地下顶板的防水技术以及地下墙体的防水技术。施工单位在正式开始施工之前首先应当考察施工环境,制订详细的施工计划以及防水方案,然后根据实际施工情况及时调整,这样才能保证工程的施工进度,提高建筑的防水性能,实现企业的经济效益最大化。

(一)选用高质量的防水材料

建筑企业应当根据地下水位情况以及工程的实际要求选择施工材料,保证建筑材料具有较高的防水性能。采购人员应当选择正规厂家生产的、防水性能较高的防水材料,同时还要加强对施工材料防水质量的检验,确保材料满足设计及施工要求。管理人员还应当在施工过程中不定期抽查防水材料的性能。只有使用合格的防水材料,才能保证工程整体的防水效果,提高施工效率,保证施工质量。

(二)地下墙体的防水施工

施工过程会对地基以及地下土壤结构造成一定程度的影响,会导致建筑物的墙体出现沉降,进而导致墙体出现裂缝,影响建筑物结构的稳定性。因此,施工人员在施工过程中降低渗透现象对建筑结构的不良影响,加强对墙体圈梁的处理,合理设计圈梁的位置,提高圈梁的施工质量。施工单位还应当在施工过程中提高混凝土的强度,避免因混凝土强度过低致使工程出现沉降现象。管理人员还应当仔细观察周围的施工环境,合理使用外加剂,降低沉降现象对建筑工程的不利影响,进而提高建筑物的稳定性。

(三)地下顶板的防水施工

地下顶板的防水施工主要是指施工单位为了控制墙皮脱落或者出现鼓包的情况而利用硬质工具铲除基层上的不平整部位,提高墙体的平整度。施工人员应当在铲除工作结束之后涂抹铲除之后的位置,同时对平层和坡层进行防水处理,使每个位置都有防水涂料。施工人员可以采用涂抹混凝土的方式处理坡层,利用水泥砂浆处理平整部位。施工人员在处理两端位置时,可以首先选取厚度适宜的位置,然后标出相应高度的控制点,实时观察施工情况,这样可以加强卷材的铺贴,促进垫层与卷材的有效结合,减少建筑物的渗水情况。管理人员应当加强对施工过程的监管,严格监督施工人员的工作行为,这样才能保证施工过程符合施工标准,做好建筑的防水工作。施工单位也应当加强对防水工作的重视,加大防水材料资金投入力度,提高建筑的防水性能。

总之,为保证地下防水工程防水效果,除需要抓好每一道施工环节,还要提高混凝土密实度,并在混凝土中增加抗裂外加剂,采用不同防水材料加强外侧防水层,达到刚柔并济的效果。在施工过程中,严格按照施工方案及相关规范的要求进行,施工中加强节点检查,及时发现并处理。在施工过程中总结经验,应用新的施工材料、工艺及方法来提高地下防水工程效果,为地下工程的顺利使用做好准备。

第三节　厨房、卫生间防水工程

随着人们住房条件的改善,装饰标准逐步提高,对卫生间防水工程来说,它的重要性越来越被住户重视。解决卫生间、厨房间渗漏是分项工程中最为重要的一部分。

一、厨房、卫生间防水的必要性与重要性

目前,建筑工程中厨房与卫生间的防水问题,地面的渗漏、发潮、发霉成为房屋质量中的通病,经常造成住户的困扰和纠纷,也成为住户投诉的问题之一,所以在建筑工程中,应

从设计要求及施工方法等方面给予足够的重视。

(一)厨房、卫生间漏水

厨房、卫生间漏水会影响下层的住户,关系睦邻友好问题。

(二)厨房、卫生间防水污染最大

厨房、卫生间漏水的污染最大,因为厨房、卫生间是生活排污和排便的场所,一旦渗漏对环境及人们的生活影响最大。

(三)厨房、卫生间防水最难

一方面,厨房、卫生间防水施工难,因为面积狭小,加上里面埋管又很多,既要有水平面整体防水,又要有管道垂直面防水,所以防水施工难。另一方面,一旦出现渗漏,维修恢复难,往往要敲开地面,换拆管件,且往往难以达到理想的效果。

厨房、卫生间的防水必须在修建时,引起开发商、设计单位、监理单位及施工单位的重视,不能把厨房、卫生间视为一般的辅助面积,恰恰相反,这是施工中质量控制的重点与难点。

二、渗漏的原因分析

(一)结构施工可能造成的渗水原因

(1)混凝土搅拌过程中,未按配合比配制或水泥等原材料不合格造成的混凝土质量问题。

(2)混凝土浇筑中,振捣不够或超振,致使混凝土内有孔隙;混凝土浇筑时,混凝土已过初凝时间,或浇筑中断时间过长,形成施工冷缝。

(3)后期养护中,混凝土板面上有钢筋露出,洒水养护过程中钢筋发生锈蚀,形成水路;模板拆得过早,养护不及时或养护不够等,形成裂缝。

(二)建筑施工可能造成的渗漏原因

(1)找平层施工前,未将混凝土底板清理干净。

(2)找平层过厚,出现裂缝。

(3)防水材料质量不合格或施工工艺不符合要求,造成防水层未完全封闭,防水层成活面有孔洞和缝隙。

(4)防水施工时,墙面防水未做或不合格。

(三)给排水施工可能引起的渗漏原因

(1)水电暖管线施工时,套管的埋设沟槽未填塞好,使水可沿着管外壁发生渗漏。

(2)水电暖管线穿墙、板时,未按照规范要求设置套管,或在套管与水电管线之间未打胶封严。

(3)套管留置高度不够或套管预留洞没堵好,或所用封堵方法不符合规范要求。

(4)水电暖管线的根部防水未做好,或者防水做法不正确、不到位。

三、解决厨房、卫生间防水技术难题的途径与措施

(一)合理地选择符合要求的防水材料

根据不同的环境及要求,合理地进行设计,选择符合要求的防水材料。

1. 防水设计的原则

防水工程设计遵循“迎水面设防”“以防为主,防排结合”的原则,并采用“多道设防”“刚柔并济”“节点密封”等措施,根据不同的环境,因地制宜,利用各种手段进行综合治理,以确保达到预期的防水效果。

2. 防水材料的选型

施工前,严格对防水材料的质量进行把关。优先选用厂家信誉好、材料品质好的企业来供应防水材料。防水材料使用前,还必须按照国家相应规范的要求对防水材料的强度、延伸率等性能进行抽检,以确保防水材料的质量。

(二)按照施工工艺的要求严格控制施工过程的质量

以聚氨酯防水涂料为例,说明其质量控制要点。施工工艺流程为:清理基层表面→细部处理→配制底胶→涂刷底胶(相当于冷底子油)→细部附中层施工→第一遍涂膜→第二遍涂膜→第三遍涂膜防水层施工(根据设计厚度)→防水层一次试水→防水层二次试水→防水层验收。

1. 基层处理

防水层是依附于结构基层的,其质量好坏将直接影响防水层的质量,因此在防水层施工之前应先对基层进行处理。一般基层应做到坚实、平整,表面无起砂、起皮、裂缝和积水,含水率符合规范的要求,转角部位还应做成圆弧,阴角直径宜大于50 mm,阳角直径宜大于10 mm。

2. 底胶配制与涂刷

应严格按照厂家提供的配合比配制聚氨酯防水材料,必须用电动搅拌机进行强力搅拌。将配制好的底胶混合料用长把滚刷均匀涂刷在基层表面,常温季节涂刷4 h以后,手感不粘时,即可做下一道工序。

3. 涂膜防水层施工

地面的地漏、管根、出水口、洁具等根部(边沿),阴、阳角等部位,在大面积涂刷前先做一布二油防水附加层,两侧各压交界缝200 mm。24 h后,即可进行大面积涂膜防水层施工。在涂膜防水层施工前,应组织有关人员认真进行技术和使用材料的交底。施工时,应注意每次涂刷的时间间隔,须待前一次涂刷的浆体干燥后方可进行下一次涂刷,一般为8 h左右,多遍涂刷,直至达到设计要求厚度,每遍涂刷方向应与前一遍涂刷方向垂直。

4. 蓄水试验

卫生间防水层施工完后,将卫生间的所有下水道堵住,用沙子或黄土在门口砌一道25 cm高的坎,然后在卫生间灌入20 cm高的水。经过24 h以上的蓄水试验,检查四周墙面和地面,如有渗漏应及时修补。未发现渗水漏水为合格,然后可进行隐蔽工程检查验收。

(三)加强成品保护,及时完成保护层的施工

蓄水试验完成后,通常需要5~7 d的时间(防水涂料形成防水膜需要5~7 d),在防水涂料层上再做一层水泥砂浆保护层,一是对防水涂料层起到保护作用,二是便于贴面砖。注意:水泥砂浆保护层施工时不要破坏已做好的防水涂料层。

四、施工中的问题及处理方法

(一)防水层空鼓、裂缝

一般发生在找平层与涂膜防水层之间和接缝处，原因是基层含水过大，使涂膜空鼓，形成气泡。处理方法：空鼓处如无渗漏现象，必须全部剔除，其边缘剔成斜坡，清洗干净后重新修补施工；如有渗漏现象，剔除后找出漏水点，并将该处剔成凹槽清洗干净，采用“堵漏灵”或“水不漏”进行处理，然后再重新施工防水层。

(二)预埋管(件)周围渗漏

多发生在穿过楼板的管根、地漏、洁具及阴阳角等部位，原因是管根、地漏等部件松动、黏结不牢、涂刷不严密或防水层局部损坏，部件接槎封口处搭接长度不够。处理方法：先将预埋管周边剔成环形裂缝，用促凝胶浆或氰凝灌浆堵漏方法处理；较为严重的剔除预埋管周围的孔眼，再用促凝胶浆或氰凝灌浆堵漏；如预埋管密集，可对缝隙部位用水泥压浆法灌入快凝水泥浆，再进行防水层修补施工。

总之，在防水工程施工中，无论采用何种防水材料、施工工艺，由于防水工程自身的工程特征，加之施工操作不当及检测方法落后，难免产生不同程度的渗漏问题。只有建立专业的防水施工队伍或者采取专业分包方式，才能有效保证工程质量，及时有效解决各类复杂的防水技术问题，确保建设工程的整体质量。

第七章　建筑工程质量与项目管理

第一节　建筑工程质量管理概述

随着经济的发展,近年来我国建筑行业已经成为经济发展的重要动力之一,因此确保建筑施工的质量,不仅能够促进我国经济的快速发展,同时也能保证人们生活环境的安全舒适。如果出现建筑质量低下,或者是豆腐渣工程,不仅影响房地产建筑行业的发展,同时也对建筑行业的形象产生负面的影响,因此加强质量管理和控制对于建筑企业发展及社会和谐发展都是十分重要的。建筑工程项目管理涉及众多因素,管理过程具有复杂性,质量管理具有较大的难度,但伴随社会各领域整体质量的快速提升,建筑工程质量的提升也受到广泛的关注和重视。

一、建筑工程质量管理的内涵及意义

建筑工程质量管理,就是对建筑工程项目质量形成的全部过程进行控制,对不符合法律法规、设计文件、技术标准以及质量要求的情况,使建筑工程项目能够顺利进行。所以,在建筑工程施工过程中的质量管理与控制是非常重要的,其意义主要有如下三个方面:

(1)质量管理能够使建筑施工质量得到有效的保证。现阶段,建筑工程项目管理机制、体制不断完善,对工程质量的要求也逐渐提升,工程质量的优劣与建筑施工企业的经济效益有着密切联系。所以,在施工过程中,质量管理不单单是使工程质量得到保证的重要渠道,同时也能够使施工质量得到有效的保证。

(2)质量管理是建筑施工得以顺利进行的重要保证。当前,在建筑工程施工过程中,工程质量成为对项目评价的主要指标之一,倘若工程质量管理不达标,不单单是项目建设的标准要求不能满足,还会使项目建设存在严重的质量问题,造成安全隐患。所以,在建筑工程施工过程中,强化质量管理是保证建设项目顺利进行的基础。

(3)质量管理是工程项目质量提升的主要途径之一。想要使工程质量得到提升,就必然要有相应的措施。想要使措施科学、有效的实施,就必须有一套完整的管理体制,而质量管理就是使质量得以提升的最有效方式。当前,社会各界都已经认识到质量管理的重要性,质量管理已经成为提升建筑工程质量的主要手段之一。

二、影响建筑工程质量的因素分析

(一)材料因素

建筑材料是建筑施工的基础保障,建筑材料的质量关系到工程质量安全。由于建筑

施工需要使用的材料种类及标准要求具有一定的复杂性，在实际施工环节难免会出现材料质量不符合国家标准的问题，施工单位在进行施工现场材料管理时或多或少都会存在漏洞。在工程项目施工中，各环节所需的材料为施工的基础。假如材料质量标准和要求不吻合，会导致工程质量标准严重下降。基于这样的情况，应优化对材料的合理选择和科学的使用方式方法，这样才能提升工程质量，进而精准把控工程进度，创造良好的施工条件。

（二）机械设备

施工中使用的机械设备，是施工生产最为主要的手段。设备选用的类型、自身的质量状况以及设备操作水平，直接影响施工进度和项目质量。因此，要合理地选用设备，充分考虑经济性和合理性，重视设备维护的便利性。确保工程建设质量的因素还包括工程的机械化程度，其代表着施工企业的实力与管理水平。应用先进的机械设备并确保其满足施工设计的技术条件与各项指标，施工单位还应按照各种施工方案采用合适的机械类型。

（三）施工方法

在建筑工程项目建设中，施工方法是至关重要的因素。施工方案缺乏全面性，施工方法不科学，会对项目整体进度造成影响，同时会带来很多不必要的成本支出，造成项目整体预算超支，从而影响工程建设质量。作为施工单位，在施工方案制订过程中，应从技术与管理方面进行深入分析，选取最优的施工方式方法，同时做好应急预案，确保项目经济合理，能够有效降低项目成本，同时严格按照施工顺序开展，确保工程质量得以有效精准控制。无论是工业建筑还是民用建筑，工程本身都是由大量的施工工序所构成的，在对工程质量进行管理时，各个环节都应该提供充分的技术支持，如果技术方案不合理，就无法确保工程质量满足预期标准。所以，只有保障各个环节上的严谨性，才可以更好地提高工程整体质量水平。

（四）环境因素

工程项目受多种外在环境因素影响，其中地理因素与气候因素为主要环境因素，地理因素决定了工程项目施工的难易程度，气候因素具有复杂多变、不可控制的特征。因此，利用先进的工程项目管理思路，合理科学应用机械设备，重视施工方式方法，才能有效降低环境因素给工程项目带来的负面影响。环境气候的变化是不可控因素，进行施工的地区发生天气恶劣的情况既增加了建筑工程施工项目的操作难度，又减少了现场施工的安全可靠性，以至于技术操作人员无法顺利有序地进行施工工作。也由于恶劣天气的发生，施工现场的大部分机械装置和设备发生各种质量问题无法及时维修，最终影响了工程项目建设施工进度，也增加了施工现场安全风险。

（五）人为因素

工程项目建设中的人员包括管理人员、决策人员与操作人员，而该部分人员的素质高低直接影响着施工质量，在工程项目管理期间具有关键作用，因此对项目人员素质提出了更为严格的要求，包括专业水平、决策能力、职业素养等多个方面。

三、当前建筑工程项目管理面临的现状

(一)项目管理信息化应用程度不够

伴随着信息科学技术的快速发展,信息管理化水平对工程项目管理的提升日益凸显,部分信息系统已不能满足当前项目质量管理要求。建筑工程项目管理具有多部门、多人员、多程序的特点,信息化系统落后会导致信息传达不到位、不及时,不能及时共享,会造成项目管理人员在具体管理中不能及时沟通工程存在的问题,导致项目质量难以得到有效控制。

(二)建筑工程项目人员综合素质有待进一步提升

人员基本素质对建筑工程项目质量管理具有决定影响。提高人员专业技术素质和综合素质显得尤为重要。针对建筑工程项目过程,管理人员应做到从全局进行统筹管控,合理下达工作任务安排,及时解决多部门、多人员的沟通工作衔接不当等问题。施工人员应按照下达的任务进行时间节点控制,进一步提升执行力。作为项目管理人员,应及时关注施工质量,总结施工经验,形成完善的评价体系。

(三)建筑工程项目管理体制不完善

目前,建筑项目管理工作主要以责任制为主,不管是项目规划,还是工程管理,都是专人专管。假如管理人员对工程状况缺乏了解、责任心不强,则发生问题不能及时解决,最终对工程开展产生影响,更为严重的是,会存在安全隐患,影响施工质量。此外,缺乏完善的工程安全监控机制,对工程建设质量及安全是极为不利的。在建筑工程项目管理中,质量和安全同等重要,假如没有给予安全意识培养和对防护措施给予一定的重视,则会导致工程建设项目可能出现极为严重的后果。

(四)进度管理不完善

在建造项目施工的过程中,会面临各种各样的问题影响施工进度,因此对于施工的进度管理也必不可少,在施工前,要做好全方位的准备工作,考虑在施工过程中可能遇到的问题。例如,施工人员对施工的操作技术是否熟练掌握,是否能保障施工的顺利进行;施工的条件是否完备,施工时会受到哪些条件的影响;政府部门对施工是否有相应的要求和条件;施工的管理工作安排是否妥当,是否会在施工过程中造成工期延误,产生不必要的经济损失;对施工项目的特点和相关要求是否有相应的了解,怎样避免发生不必要的失误等。这些问题都要有提前的应对措施,需要专业的施工管理人员进行专业化的处理。

(五)建筑工程质量管理优化措施

1. 注重施工质量管理

在建筑施工过程中,管理人员需要实地核查施工的质量,在保证施工效率的前提下,保障工程质量。在施工前期,要仔细勘察当地地质、地貌、地形,认真评估当地自然地理环境,合理设计施工图纸。在施工过程中,严格按照图纸设计进行施工,如发现不合理之处,同设计人员及时沟通,共同探讨解决方案,不得擅自更改施工图。针对建筑工程的质量问题,需要设立质量检查小组,制订详细的检查方案,切实做好质量管理工作,以保证建筑工

程的施工质量。

2. 合理设计工程结构

科学合理的设计方案,不仅关系着建筑工程的施工质量,同时还关系着工程今后的投入使用,在工程建设中有着极其重要的作用。在其设计的过程中,工程设计方案受多方面因素的影响,导致建筑结构设计无法落实,浪费大量的人力、物力、财力的同时,还阻碍了我国建筑行业的发展。建筑结构设计的根本目的在于确保建筑物在施工建设的过程中,满足人们生活的需要,达到安全、稳定的效果。在结构计算的过程中,首先,在底框砌体结构验算的过程中,底部剪力法适用于刚度比较均匀的多层结构。对具有薄弱层的底层框架混合结构,应考虑塑性变形集中的影响。底层框架混合结构的剪力分配不能简单地按框架抗震墙的方法,因为底层框架结构中只有底层框架抗震墙,应采用双保险的方法。其次,避免荷载计算错误。在整个建筑荷载计算过程中,设计人员应结合建筑工程的实际用途及整体结构,科学地计算出建筑的荷载范围。在确保建筑结构稳定性的同时,还能避免后天人为的破坏。由此可见,在整个建筑结构设计中,结构计算不仅关系着建筑工程的稳定性与安全性,同时还关系着工程今后的投入使用。

3. 加强对施工材料的质量管理工作

(1)建立健全现场料具管理制度和责任制,现场料具要严格按平面图布置码放,分片包干负责。

(2)加强对现场平面布置的管理,根据不同施工阶段、材料及物资变化、设计变更等情况,及时调整堆料现场的位置,保持道路畅通,减少二次倒运。

(3)随时掌握施工进度及用料信息,搞好平衡调剂,正确组织材料进场。材料计划要严密可靠,及时准确,保证施工需要。

(4)严格按平面布置堆放料具、成堆、成线,经常清理杂物和垃圾,保持场地、道路、工具及容器清洁。

(5)认真执行材料的验收、保管、发料、退料、回发等手续制度,建立健全原始记录和各种台账,对来料原始凭证妥善保存,按月盘点核算。

(6)施工现场必须由专职材料员进行现场材料的管理工作,材料员必须通过考核,持证上岗;材料员的人员配置以能够使生产及管理工作正常运行为准。

(7)材料进场必须以施工用料计划为准,严格进行验收并做好验收记录,有关资料(送料凭证、合格证、材质证明等)必须齐全。

4. 持续创新施工技术

在社会主义市场经济条件下,自主创新的动力与其责任、权利、利益密切相关。要通过深化改革和完善体制来增强自主创新的内在动力和约束力,使企业具有面向市场进行技术开发,把科研成果转化为新产品和新产业的主动性、积极性和创造性。企业作为自主创新的主体,要树立为生存、为发展而创新的意识;作为施工企业要加大新技术、新产品科研经费的投入,加快技术开发和科技成果的转化应用;要坚持源于市场,又高于市场,走"调整、开发、创造、组织与实现"的自主创新之路。建筑施工企业的科技进步进程和"四新”(新材料、新技术、新工艺、新设备)的应用水平,在很大程度上影响并决定国民经济的整体发展水平和速度。国家和建设系统所确定的建筑业的“四新”也是施工企业义不容辞的责任。施工企业在承担项目施工中所消耗的资源、能源、原材耗量指标,掌握运用的施工技术、生产作业工艺、项目管理手段与国际同行相比差距很大,而且集中反映在施工现场的方方面面。差距大,当然预示着项目施工现场开展“四新”的潜力大,所起到的效果大。施工企业抓“四新”创建工作的主要重点应集中在项目施工的现场。

5. 强化工程施工风险防控

工程项目在营建过程中,存在着建设周期长、投资数额大、工作和工序繁多的特点。建设周期长,各个时期的不可预见因素就会相应增多,与时间相关的外界因素和内部因素的变化都会影响工期的按期完成;投资额巨大,若筹资、付款方式、利率或者有关合同条款发生变化,就会加大成本,从而减少利润;工作、工序繁多,一旦施工组织不尽合理或者返工,同时发生索赔,就会极大地影响工程进度、成本和质量。所以,施工风险的防范具有重要意义。施工风险是指工程项目在施工、组织、管理过程中形成的各种风险。主要包括:①管理风险,即项目在施工过程中由于管理水平高低、管理不到位而形成的费用风险。②质量、安全风险,即由于质量、安全状况而产生的经济奖罚和其他责任。③施工工期风险,即由于施工工期提前或拖后而形成的经济责任。④施工技术风险,即能否采取先进的施工技术而引起的费用变化。公司对工程施工风险的控制,是以企业制度的创新为基础,通过建立健全管理制度、组织机构和设立风险管理专门负责人等,建立相应阶段的动态前瞻性决策机制,以目标管理为主要形式,利用合理的资本结构,对各个营建过程、潜在风险因素和有关细节进行科学的管理和控制,以降低风险带来的损失,提高盈利能力和资本效率。

第二节　建筑工程施工项目管理概述

新时期,我国建筑行业取得了瞩目的发展,与此同时,社会层面对施工质量、施工成本、项目安全等方面的要求越来越高,给建筑工程施工工作带来了挑战。建筑工程施工项目管理是贯穿建筑项目施工全过程的监督、协调、引导等工作的总称,以施工合同作为管理依据,对建筑工程项目的资源配置、成本管控、进度安排、施工安全等进行全面控制和管理,确保建筑工程有序、科学地进行。项目管理作为监督、引导、检查建筑工程开展和运行的重要手段,在建筑工程施工中发挥着重要作用,甚至决定着建筑工程的施工结果。因此,企业在投标成功以后,承担了建筑工程项目施工的主要职责,采用施工项目管理这种措施,将企业经营目标与施工实际对接,实现二者的相互促进、相互监督功能,形成以项目管理提升施工质量,以施工质量优化企业形象,以企业形象吸引建筑招标的良性循环,促进企业的长期发展。

一、建筑工程施工的特点

(1)复杂性。其原因主要是建筑产品的性质与功能性要求,还有诸多设计与类型方面的差异。此外,施工技术的影响以及条件、施工环境等影响较大,需要全面考虑,环环相扣,形成一个复杂的整体。所以,它的施工特点集中于复杂的系统与体系化建设的复杂性方面。

(2)相对的流动性。从项目立项、设计、竞标、投入建设、施工、验收等环节,都需要更为多变的方法与整个实际施工情况相结合,统筹管理,统一组织,不同的阶段与环节需要不同的人员、工具、机械等,以完成整个建筑施工工程。

(3)长期性。从建筑的体积与施工的材料及工艺即可看出其需要一定的时间去加工、构建,并使其形成一个新的物体。这期间,工程庞大、耗费大、施工环节多、工作人员杂等原因,使得施工的周期长。

(4)危险性。从建筑工程的体积、高度、方法等可知,建筑工程施工具有高空作业、露天工作、材料众多、危险性大的特点,而且易受到气候、环境、施工安全管理等方面的影响。

二、优化建筑工程施工项目管理措施

(一)提高项目进度管理

建筑工程项目是否能够根据既定的进度有序开展,不仅会影响到项目的施工质量,也会关系到项目各方的经济效益,所以建筑工程项目管理工作必须重视对项目进度的科学设置以及现场的控制工作,使其建筑工程项目可以在规定时间内完成。一是合理设置项目期限。通过对项目各项内容的研讨,合同甲乙双方就项目有效期限达成一致,制定出既符合甲方施工能力,又满足乙方对项目快速落地的迫切愿望,强化对项目进度的多方管理和监督。二是实施项目施工全过程的实时进度管控。由于建筑工程是一项较为繁杂的工作,中间包含有多个主体的参与,很容易出现某一阶段施工延迟而占用和延后下一阶段施工的问题。针对这种现象,建筑单位可以对施工前项目进度的各个环节作出科学合理的规划,在施工进程中,通过监督和调节工作,使其施工进度保持相互一致。

(二)提高项目安全控制

对于项目安全控制工作而言,主要包括两个方面的内容:一是对人员的安全控制;二是对建筑的安全控制。人员的安全控制主要体现在“生命财产安全高于一切”,通过降低各种可能存在的施工安全风险,营造安全可靠的施工环境,从而保障施工人员的生命财产安全。因此,相关单位要对施工现场做好充分的勘察和了解,通过不断提高施工人员的安全意识和制定安全施工的可行性规范,选择可靠的施工技术和施工工序,保障施工工作的安全性。然而建筑安全主要是指项目建设质量能满足实际使用要求,其中包括对施工材料和施工技术以及施工设备等方面的管理,施工材料需要满足行业规范和建筑相关参数的要求,在实际应用前做好材料检查工作,对于质量不佳的建筑材料坚决不予使用。既要有先进施工技术作为建筑工程项目的安全支撑,又要确保施工单位具备有效应用先进技术的能力,提升施工技术对项目安全的支撑作用。

（三）加强对项目成本的控制

从建筑企业的角度进行分析，进行建筑工程项目管理工作可以实现经济效益的最大化，成本控制则是项目管理的主要内容。一是需要重视对材料和设备的成本控制。前期需要做好市场调研工作，对材料的市场价格和材料类型进行及时的汇总和整合，对可能的供货商进行资质检查，从多方面保证施工材料的最佳性价比，降低相关单位的成本预算。二是延长施工设备的使用期限。通过采取定期保养、快速维护等措施，使施工设备处于正常工作状态，避免零部件损坏对设备整体的磨损，降低设备在可控范围内的损耗，延长施工设备的使用寿命。此外，做好人力资源层面的成本控制。施工人员的工资支出是建筑工程项目成本管理的重要方面，相关单位需要在实际施工前对人力资源使用做好合理规划，同时对施工人数和工种组成等作出详细的计划，这样可以有效地降低非必要人工费用的概率。

（四）优化项目技术的应用

随着科学技术的快速发展和进步，建筑行业已经有了较多先进的施工技术和管理手段，为建筑工程项目顺利完成提供了相应的支持，相关单位需要完善对施工技术的管理体系，并且还需要严格地根据施工技术系统的管理要求，作出科学合理的管控。一是将技术管理融入现有项目管理体系中。建筑单位管理层要主动学习并掌握技术应用方面的相关政策规范，结合建筑工程项目的施工要点和项目管理体系特点，制定项目技术的管理体系，并根据项目的实际进展情况对技术管理进行修改与完善。二是大力推广运用科学的管理手段和管理工具，比如BIM技术和数字化工地管理系统等，不仅可以提高项目管理效率，还能提升企业形象，增强企业竞争能力。三是可以建立相应的奖惩制度，刺激工作人员对先进施工技术的引进和应用。先进施工技术需要进行重新学习和实践才能得以合理应用，这样会导致很多施工人员对新技术听而不闻，针对这个问题，可以根据实物奖励支持和鼓励单位人员对新技术的重视意识，从源头上激发施工队伍应用先进技术的积极性与责任心，保证其可以在进行项目管理中很好地应用新技术，优化项目管理的水平。

（五）加强人员素质的培养

建筑工程施工项目管理工作离不开高素质管理人才队伍的支持，只有打造出综合素质较高的管理队伍，才可以成就出高水平和高效率的优质工程项目，因此对于管理人员自身的综合素质培养工作而言，主要可以从多个方面进行部署分析。一是择优选择管理工作人员。提升企业在管理人员聘用方面的准入门槛，对应聘者进行学识、实践、应变等综合考察，聘用专业能力高、技术基础硬的管理人员。二是企业内部定期组织实施培训工作。根据最新的建筑行业动态，给管理人员灌输最新的管理思维，研讨和学习先进的管理手段和管理技术，促进管理队伍整体管理能力的提升。三是提升管理人员的实践能力。管理人员还需要在了解建筑工程项目施工的基础之上，通过"理论+实践"的方式进行相互结合，这样才可以更好地实现管理工作的有效性及科学性，同时还需要积极地鼓励和组织管理人员进行施工现场考察工作，保证其不断地提高建筑工程管理能力。

综上所述，在目前建筑工程项目管理中，要进一步提高施工质量以及施工水平，切实保障工程项目管理工作达到理想的效果。建筑工程施工具有一定的复杂性和全面性，为了保证建筑工程的有序运行和优质建设，需要加强施工项目管理，以系统的管理模式促进完成建筑工程项目。结合建筑工程施工的时代性与开放性，对施工项目管理理念进行创新和变革，优化管理机制，应用先进的施工技术和施工设备，狠抓并落实对建筑工程施工质量的高标准、高要求，保证建筑工程如期、有效完工。此外，在各项工作开展和实施的过程当中还需要现代化企业各大管理人员能够进一步提高工作水平以及工作能力，同时要强化监管力度，这样才能够为企业健康、稳定及可持续性地经营发展提供较大的助力。

第八章　建筑工程质量检测

第一节　建筑工程质量检测的相关概念

一、工程质量检测

按照相关规定的要求，采用试验、测试等技术手段确定建设工程的建筑材料、工程实体质量特性的活动。

二、工程质量检测机构

具有法人资格，并取得相应资质，对社会出具工程质量检测数据或检测结论的机构。

三、检测人员

经建设主管部门或其委托有关机构的考核，从事检测技术管理和检测操作人员的总称。

四、检测设备

在检测工作中使用的、影响对检测结果作出判断的计量器具、标准物质以及辅助仪器设备的总称。

五、见证人员

具备相关检测专业知识，受建设单位或监理单位委派，对检测试件的取样、制作、送检及现场工程实体检测过程真实性、规范性见证的技术人员。

六、见证取样

在见证人员的见证下，由取样单位的取样人员，对工程中涉及结构安全的试块、试件和建筑材料在现场取样、制作，并送至有资格的检测单位进行检测的活动。

七、见证检测

在见证人员的见证下，检测机构现场测试的活动。

第二节　建筑工程质量检测的基本规定

(1)建设工程质量检测应执行国家现行有关技术标准。

(2)建设工程质量检测机构(简称检测机构)应取得建设主管部门颁发的相应资质证书。

(3)检测机构必须在技术能力和资质规定范围内开展检测工作。

(4)检测机构应对出具的检测报告的真实性、准确性负责。

(5)对实行见证取样和见证检测的项目,不符合见证要求的,检测机构不得进行检测。

(6)检测机构应建立完善的管理体系,并增强纠错能力和持续改进能力。

(7)检测机构的技术能力(检测设备及技术人员配备)应符合《房屋建筑和市政基础设施工程质量检测技术管理规范》(GB 50618)附录 A 中各相应专业检测项目的配备要求。

(8)检测机构应采用工程检测管理信息系统,提高检测管理效果和检测工作水平。

(9)检测机构应建立检测档案及日常检测资料管理制度。

(10)检测应按有关标准的规定留置已检试件。有关标准留置时间无明确要求的,留置时间不应少于 72 h。

(11)建设工程质量应委托具有相应资质的检测机构进行检测。

(12)施工单位应根据工程施工质量验收规范和检测标准的要求编制检测计划,并应做好检测取样、试件制作、养护和送检等工作。

(13)检测试件的提供方应对试件取样的规范性、真实性负责。

第三节　建筑工程质量检测机构人员岗位职责

一、技术负责人

技术负责人应具有相应专业的中级、高级技术职称,连续从事工程检测工作的年限符合相关规定,全面负责检测机构的技术工作,其岗位职责如下:

(1)确定技术管理层的人员及其职责,确定各检测项目的负责人;

(2)主持制订并签发检测人员培训计划,并监督培训计划的实施;

(3)主持对检测质量有影响的产品供应方的评价,并签发合格供应方名单;

(4)主持收集使用标准的最新有效版本,组织检测方法的确认及检测资源的配置;

(5)主持检测结果不确定度的评定;

(6)主持检测信息及检测档案管理工作;

(7)按照技术管理层的分工批准或授权有相应资格的人批准和审核相应的检测报告;

(8)主持合同评审,对检测合作单位进行能力确认;

(9)检查和监督安全作业和环境保护工作;

(10)批准作业指导书、检测方案等技术文件;

(11)批准检测设备的分类,批准检测设备的周期校准或周期检测计划并监督执行;

(12)批准试验比对计划和参加本地区组织的能力验证,并对其结果的有效性组织评价。

二、质量负责人

质量负责人应具有相应专业的中级或高级技术职称，连续从事工程检测工作的年限符合相关规定，负责检测机构的质量体系管理，其岗位职责如下：

(1)主持管理(质量)手册和程序文件的编写、修订，并组织实施；

(2)对管理体系的运行进行全面监督，主持制定预防措施、纠正措施，对纠正措施执行情况组织跟踪验证，持续改进管理体系；

(3)主持对检测的申诉和投诉的处理，代表检测机构参与检测争议的处理；

(4)编制内部质量体系审核计划，主持内部审核工作的实施，签发内部审核报告；

(5)编制管理评审计划，协助最高管理者做好管理评审工作，组织起草管理评审报告；

(6)负责检测人员培训计划的落实工作；

(7)主持检测质量事故的调查和处理，组织编写并签发事故调查报告。

三、检测项目负责人

检测项目负责人应具有相应专业的中级技术职称，从事工程检测工作的年限符合相关规定，负责本检测项目的日常技术、质量管理工作，其岗位职责如下：

(1)编制本项目作业指导书、检测方案等技术文件；

(2)负责本项目检测工作的具体实施，组织、指导、检查和监督本项目检测人员的工作；

(3)负责做好本项目环境设施、检测设备的维护、保养工作；

(4)负责本项目检测设备的校准或检测工作，负责确定本项目检测设备的计量特性、分类、校准或检测周期，并对校准结果进行适用性判定；

(5)组织编写本项目的检测报告，并对检测报告进行审核；

(6)负责本项目检测资料的收集、汇总及整理。

四、设备管理员

设备管理员熟悉检测工作的基本知识，从事工程检测工作的年限符合相关规定，负责检测设备的日常管理工作，其岗位职责如下：

(1)协助检测项目负责人确定检测设备计量特性、规格型号，参与检测设备的采购安装；

(2)协助检测项目负责人对检测设备进行分类；

(3)建立和维护检测设备管理台账和档案；

(4)对检测设备进行标识，对标识进行维护更新；

(5)协助检测项目负责人确定检测设备的校准或检测周期，编制检测设备的周期校准或检测计划；

(6)提出校准或检测单位，执行周期校准或检测计划；

(7)对设备的状况进行定期、不定期的检查,督促检测人员按操作规程操作,并做好维护保养工作;

(8)指导、检查法定计量单位的使用。

五、检测信息管理员

检测信息管理员应具有一级及以上计算机证书,负责本机构信息化工作、局域网及信息上传工作,其职责如下:

(1)建立和维护计算机本系统、局域网,作好网络设备、计算机系统软、硬件的维护管理;

(2)负责本系统、局域网与本地区信息管理系统控制中心连接的管理工作,确保网络正常连接,准确、及时地上传检测信息;

(3)做好检测数据的积累整理;

(4)做好检测信息统计及上报工作。

六、档案管理员

档案管理员应具有相应的文秘基本知识,负责档案管理的具体工作,其岗位职责如下:

(1)指导、督促有关部门或人员做好检测资料的填写、收集、整理、保管,保质保量按期移交档案资料;

(2)负责档案资料的收集、整理、立卷、编目、归档、借阅等工作;

(3)负责有效文件的发放和登记,并及时回收失效文件;

(4)负责档案的保管工作,维护档案的完整与安全;

(5)负责电子文件档案的内容应与纸质文件一致,一起归档;

(6)参与对已超过保管期限档案的鉴定,提出档案存毁建议,编制销毁清单。

七、检测操作人员

检测操作人员应经过相应各种检测项目的技术培训,经考核合格,取得岗位证书,其岗位职责如下:

(1)掌握所用仪器设备性能、维护知识和正确保管使用;

(2)掌握所在检测项目的检测规程和操作程序;

(3)按规定的检测方法进行检测,坚持检测程序;

(4)做好检测原始记录;

(5)对检测结果在检测报告上签字确认;

(6)负责所用仪器、设备的日常保管及维护清洁工作;

(7)负责所用仪器、设备使用登记台账;

(8)负责检测项目工作区的环境卫生工作等。

第四节　建筑工程质量检测机构对设备的要求

(1)检测机构应配备能满足所开展检测项目要求的检测设备。

(2)检测机构检测项目的检测设备配备应符合规范的规定,并宜分为A、B、C三类,分类管理。具体分类如下:

A类设备(带"*"的设备为应编制使用操作规程和做好使用记录的设备):

*压力试验机、*拉力试验机、*抗折试验机、*万能材料试验机、*非金属超声波检测仪、台称、案称、混凝土含气量测定仪、混凝土凝结时间测定仪、砝码、游标卡尺、恒温恒湿箱(室)、干湿温度计、冷冻箱、试验筛(金属丝)、*全站仪、*测距仪、*经纬仪、*水准仪、天平、热变形仪、*测厚仪、千分表、百分表、*分光光度计、*原子吸收分光光度计、*气相色谱仪、酸度计(室内环境检测用)、低本底多道y能谱仪、氡气测定仪、*各类冲击试验机、兆欧表、*塑料管材耐压测试仪、*声级校准器、火焰光度计、*耐压测试仪、声级计、光谱分析仪、引伸仪、力传感器、工作测力环、碳硫分析仪、*螺栓轴向力测试仪、扭矩校准仪、*X射线探伤仪、射线黑白密度计、基桩动测仪、基桩静载仪、*回弹仪、预应力张拉设备、钢筋保护层厚度测定仪、拉拔仪、贯入式砂浆强度检测仪、沥青针入度仪、沥青延度仪、沥青混合料马歇尔试验仪、黏结强度检测仪、贝克曼梁路面弯沉仪、平整度仪、摆式摩擦系数测定仪、沥青软化点测试仪、弹性模量测试仪、保护热平板导热仪、*单平板高温导热仪、*双平板导热仪、抗拉拔/抗剪试验装置、轴力试验装置、各类硬度计、测斜仪、频率计、应变计。

B类设备:

抗渗仪、振实台、雷氏夹、液塑限测定仪、环境测试舱、磁粉探伤仪、透气法比表面积仪、砝码、游标卡尺、高精密玻璃水银温度计、电导率仪、自动电位滴定仪、酸度计(非环境检测用)、旋转式黏度计、氧指数测定仪、白度仪、水平仪、角度仪、数显光泽度仪、巡回数字温度记录仪(包括传感器)、表面张力仪、漆膜附着力测定仪、漆膜冲击试验器、电位差计、数字式木材测湿仪、初期干燥抗裂性试验仪、刮板细度计、*幕墙空气流量测试系统、*门窗空气流量测试系统、拉力计、物镜测微尺、*砂石碱活性快速测定仪、扭转试验机、比重计、测量显微镜、土壤密度计、钢直尺、泥浆比重计、分层沉降仪、水位计、盐雾试验箱、耐磨试验机、紫外老化箱、维勃稠度仪、低温试验箱。水泥净浆标准稠度与凝结时间测定仪、水泥净浆搅拌机、水泥胶砂搅拌机、水泥流动度仪、砂浆稠度仪、混凝土标准振动台、水泥抗压夹具、胶砂试体成型、击实仪、干燥箱、试模、连续式钢筋标点机。水泥细度负压筛析仪、压力泌水仪、贯入阻力仪、(穿孔板)试验筛、高温炉测温系统。

C类设备:

钢卷尺、寒暑表、低准确度玻璃量器、普通水银温度计、水平尺、环刀、金属容量筒、雷氏夹膨胀值测定仪、沸煮箱、针片状规准仪、跌落试验架、憎水测定仪、折弯试验机、振筛机、砂浆搅拌机、混凝土搅拌机、压碎指标值测定仪、砂浆分层度仪、坍落度筒、弯芯、反复弯曲试验机、路面渗水试验仪、路面构造深度试验仪。

(3)A类检测设备的范围宜符合下列规定:

①本单位的标准物质(如果有时)；

②精密度高或用途重要的检测设备；

③使用频繁,稳定性差,使用环境恶劣的检测设备。

(4)B类检测设备的范围宜符合规范的规定,并应符合下列要求：

①对测量准确度有一定的要求,但寿命较长、可靠性较好的检测设备；

②使用不频繁,稳定性比较好,使用环境较好的检测设备。

(5)C类检测设备的范围宜符合规范的规定,并应符合下列要求：

①只用作一般指标,不影响试验检测结果的检测设备；

②准确度等级较低的工作测量器具。

(6)A类、B类检测设备在启用前应进行首次校准或检测。

(7)检测设备的校准或检测应送至具有校准或检测资格的实验室进行校准或检测。

(8)A类检测设备的校准或检测周期应根据相关技术标准和规范的要求,检测设备出厂技术说明书等,并结合检测机构实际情况确定。

(9)B类检测设备的校准或检测周期应根据检测设备使用频次、环境条件、所需的测量准确度,以及由于检测设备发生故障所造成的危害程度等因素确定。

(10)检测机构应制定A类和B类检测设备的周期校准或检测计划,并按计划执行。

(11)C类检测设备首次使用前应进行校准或检测,经技术负责人确认,可使用至报废。

(12)检测设备的校准或检测结果应由检测项目负责人进行管理。

(13)检测机构自行研制的检测设备应经过检测验收,并委托校准单位进行相关参数的校准,符合要求后方可使用。

(14)检测机构的所有设备均应标有统一的标识,在用的检测设备均应标有校准或检测有效期的状态标识。

(15)检测机构应建立检测设备校准或检测周期台账,并建立设备档案,记录检测设备技术条件及使用过程的相关信息。

(16)检测机构对大型的、复杂的、精密的检测设备应编制使用操作规程。

(17)检测机构应对主要检测设备做好使用记录,用于现场检测的设备还应记录领用、归还情况。

(18)检测机构应建立检测设备的维护保养、日常检查制度,并做好相应记录。

(19)当检测设备出现下列情况之一时,应进行校准或检测：

①可能对检测结果有影响的改装、移动、修复和维修后；

②停用超过校准或检测有效期后再次投入使用；

③检测设备出现不正常工作情况；

④使用频繁或经常携带运输到现场的,以及在恶劣环境下使用的检测设备。

(20)当检测设备出现下列情况之一时,不得继续使用：

①当设备指示装置损坏、刻度不清或其他影响测量精度时；

②仪器设备的性能不稳定，漂移率偏大时；

③当检测设备出现显示缺损或按键不灵敏等故障时；

④其他影响检测结果的情况。

第五节　建筑工程质量检测机构对检测场所及检测管理的要求

一、检测场所

(1)检测机构应具备所开展检测项目相适应的场所。房屋建筑面积和工作场地均应满足检测工作需要，并应满足检测设备布局及检测流程合理的要求。

(2)检测场所的环境条件等应符合国家现行有关标准的要求，并应满足检测工作及保证工作人员身心健康的要求。对有环境要求的场所应配备相应的监控设备，记录环境条件。

(3)检测场所应合理存放有关材料、物质，确保化学危险品、有毒物品、易燃易爆等物品安全存放；对检测工作过程中产生的废弃物、影响环境条件及有毒物质等的处置，应符合环境保护和人身健康、安全等方面的相关规定，并应有相应的应急处理措施。

(4)检测工作场所应有明显标识，与检测工作无关的人员和物品不得进入检测工作场所。

(5)检测工作场所应有安全作业措施和安全预案，确保人员、设备及被检测试件的安全。

(6)检测工作场所应配备必要的消防器材，存放于明显和便于取用的位置，并应由专人负责管理。

二、检测管理

(1)检测机构应执行国家现行有关管理制度和技术标准，建立检测技术管理体系，并按管理体系运行。

(2)检测机构应建立内部审核制度，发现技术管理中的不足并进行改正。

(3)检测机构的检测管理信息系统，应能对工程检测活动各阶段中产生的信息进行采集、加工、储存、维护和使用。

(4)检测管理信息系统宜覆盖全部检测项目的检测业务流程，并适宜在网络环境下运行。

(5)检测机构管理信息系统的数据管理应采用数据库管理系统，应确保数据存储与传输安全、可靠，并应设置必要的数据接口，确保系统与检测设备或检测设备与有关信息网络系统的互联互通。

(6)应用软件应符合软件工程的基本要求，应经过相关机构的评审鉴定，满足检测功能要求，具备相应的功能模块，并应定期进行论证。

(7)检测机构应设专人负责信息化管理工作，管理信息系统软件功能应满足相关检测项目所涉及工程技术规范的要求，技术规范更新时，系统应及时升级更新。

(8)检测机构宜按规定定期向建设主管部门报告以下主要技术工作：

①按检测业务范围进行检测的情况；

②遵守检测技术条件(包括实验室技术能力和检测程序等)的情况；

③执行检测法规及技术标准的情况；

④检测机构的检测活动，包括工作行为、人员资格、检测设备及其状态、设施及环境条件、检测程序、检测数据、检测报告等；

⑤按规定报送统计报表和有关事项。

(9)检测机构应定期作比对试验，当地管理部门有要求的，并应按要求参加本地区组织的能力验证。

(10)检测机构严禁出具虚假检测报告。凡出现下列情况之一的，应判定为虚假检测报告：

①不按规定的检测程序及方法进行检测出具的检测报告；

②检测报告中数据、结论等实质性内容被更改的检测报告；

③未经检测就出具的检测报告；

④超出技术能力和资质规定范围出具的检测报告。

第六节　建筑工程质量检测机构检测程序

一、检测委托

(1)建设工程质量检测应以工程项目施工进度或工程实际需要进行委托，并应选择具有相应检测资质的检测机构。

(2)检测机构应与委托方签订检测书面合同，检测合同应注明检测项目及相关要求。需要见证的检测项目应确定见证人员。

(3)检测项目需采用非标准方法检测时，检测机构应编制相应的检测作业指导书，并应在检测委托合同中说明。

(4)检测机构对现场工程实体检测应事前编制检测方案，经技术负责人批准；对鉴定检测、危房检测，以及重大、重要检测项目和为有争议事项提供检测数据的检测方案应取得委托方的同意。

二、取样送检

(1)建筑材料的检测取样应由施工单位、见证单位和供应单位根据采购合同或有关技术标准的要求共同对样品的取样过程、制样过程、样品的留置、养护情况等进行确认，并应做好试件标识。

(2)建筑材料本身带有标识的，抽取的试件应选择有标识的部分。

(3)检测试件应有清晰的、不易脱落的唯一性标识。标识应包括制作日期、工程部位、设计要求和组号等信息。

(4)施工过程有关建筑材料、工程实体检测的抽样方法、检测程序及要求等应符合国家现行有关工程质量验收规范的规定。

(5)既有房屋、市政基础设施现场工程实体检测的抽样方法、检测程序及要求等应符合国家现行有关标准的规定。

(6)现场工程实体检测的构件、部位、检测点确定后,应绘制测点图,并应经技术负责人批准。

(7)实行见证取样的检测项目,建设单位或监理单位确定的见证人员每个工程项目不得少于2人,并应按规定通知检测机构。

(8)见证人员应对取样的过程进行旁站见证,做好见证记录。见证记录应包括下列主要内容:

①取样人员持证上岗情况;

②取样用的方法及工具模具情况;

③取样、试件制作操作的情况;

④取样各方对样品的确认情况及送检情况;

⑤施工单位养护室的建立和管理情况;

⑥检测试件标识情况。

(9)检测收样人员应对检测委托单的填写内容、试件的状况以及封样、标识等情况进行检查,确认无误后,在检测委托单上签收。

(10)试件接收应按年度建立台账,试件流转单应采取盲样形式,有条件的可使用条形码技术等。

(11)检测机构自行取样的检测项目应做好取样记录。

(12)检测机构对接收的检测试件应有符合条件的存放设施,确保样品的正确存放、养护。

(13)需要现场养护的试件,施工单位应建立相应的管理制度,配备取样、制样人员,及取样、制样设备及养护设施。

三、检测准备

(1)检测机构的收样及检测试件管理人员不得同时从事检测工作,并不得将试件的信息泄露给检测人员。

(2)检测人员应校对试件编号和任务流转单的一致性,保证与委托单编号、原始记录和检测报告相关联。

(3)检测人员在检测前应对检测设备进行核查,确认其运作正常。数据显示器需要归零的应在归零状态。

(4)试件对储存条件有要求时,检测人员应检查试件在储存期间的环境条件是否符合要求。

(5)对首次使用的检测设备或新开展的检测项目以及检测标准变更的情况,检测机构应对人员技能、检测设备、环境条件等进行确认。

(6)检测前应确认检测人员的岗位资格,检测操作人员应熟悉相应的检测操作规程和检测设备使用、维护技术手册等。

(7)将环境条件调整到操作要求的状况。

(8)现场工程实体检测应有完善的安全措施。检测危险房屋时还应对检测对象先进行勘察,必要时应先进行加固。

(9)检测人员应熟悉检测异常情况处理预案。

(10)检测前应确认检测方法标准,确认原则应符合下列规定:

①有多种检测方法标准可用时,应在合同中明确选用的检测方法标准;

②对于一些没有明确的检测方法标准或有地区特点的检测项目,其检测方法标准应由委托双方协商确定。

(11)检测委托方应配合检测机构做好检测准备,并提供必要的条件。按时提供检测试件,提供合理的检测时间,现场工程实体检测还应提供相应的配合等。

四、检测操作

(1)检测应严格按照经确认的检测方法标准和现场工程实体检测方案进行。

(2)检测操作应由不少于2名持证检测人员进行。

(3)检测原始记录应在检测操作过程中及时真实记录,检测原始记录应采用统一的格式。原始记录的内容应符合下列规定:

①实验室检测原始记录内容宜符合规范的规定;

②现场工程实体检测原始记录内容宜符合规范的规定。

(4)检测原始记录笔误需要更正时,应由原记录人进行更改,并在更改处由原记录人签名或加盖印章。

(5)自动采集的原始数据因检测设备故障导致原始数据异常时,应予以记录,并应由检测人员作出书面说明,由检测机构技术负责人批准,方可进行更改。

(6)检测完成后应及时进行数据整理和出具检测报告,并应做好设备使用记录及环境、检测设备的清洁保养工作。对已检试件的留置处理应符合下列规定:

①已检试件留置应与其他试件有明显的隔离和标识;

②已检试件留置应有唯一性标识,其封存和保管应由专人负责;

③已检试件留置应有完整的封存试件记录,并分类、分品种有序摆放,以便于查找。

(7)见证人员对现场工程实体检测进行见证时,应对检测的关键环节进行旁站见证,现场工程实体检测见证记录内容应包括下列主要内容:

①检测机构名称、检测内容、部位及数量;

②检测日期,检测开始、结束时间及检测期间天气情况;

③检测人员姓名及证书编号;

④主要检测设备的种类、数量及编号;

⑤检测中异常情况的描述记录;

⑥现场工程检测的影像资料;

⑦见证人员、检测人员签名;

⑧现场工程实体检测活动应遵守现场的安全制度,必要时应采取相应的安全措施;

⑨现场工程实体检测时应有环保措施,对环境有污染的试剂、试材等应有预防撒漏措施,检测完成后应及时清理现场并将有关用后的残剩试剂、试材、垃圾等带走。

五、检测报告

(1)检测项目的检测周期应对外公示,检测工作完成后,应及时出具检测报告。

(2)检测报告宜采用统一的格式;检测管理信息系统管理的检测项目,应通过系统出具检测报告。检测报告内容应符合检测委托的要求,并宜符合《房屋建筑和市政基础设施工程质量检测技术管理规范》(GB 50618)附录E第E.0.3、第E.0.4条的规定。

(3)检测报告编号应按年度编号,编号应连续,不得重复和空号。

(4)检测报告至少应由检测操作人、检测报告审核人签字,检测报告批准人签发,并加盖检测专用章,多页检测报告还应加盖骑缝章。

(5)检测报告应登记后发放。登记应记录报告编号、份数、领取日期及领取人等。

(6)检测报告结论应符合下列规定:

①材料的试验报告结论应按相关材料、质量标准给出明确的判定;

②若仅有材料试验方法而无质量标准,材料的试验报告结论应按设计要求或委托方要求给出明确的判定;

③现场工程实体的检测报告结论应根据设计及鉴定委托要求给出明确的判定。

(7)检测机构应建立检测结果不合格项目台账,并应对涉及结构安全、重要使用功能的不合格项目按规定报送时间报告工程项目所在地建设主管部门。

六、检测档案

(1)检测机构应建立检测资料档案管理制度,并做好检测档案的收集、整理、归档、分类编目和利用工作。

(2)检测机构应建立检测资料档案室,档案室的条件应能满足纸质文件和电子文件的长期存放。

(3)检测资料档案应包含检测委托合同、委托单、检测原始记录、检测报告和检测台账、检测结果不合格项目台账、检测设备档案、检测方案、其他与检测相关的重要文件等。

(4)检测机构检测档案管理应由技术负责人负责,并由专(兼)职档案员管理。

(5)检测资料档案保管期限,检测机构自身的资料保管期限应分为5年和20年两种。涉及结构安全的试块、试件及结构建筑材料的检测资料汇总表和有关地基基础、主体结构、钢结构、市政基础设施主体结构的检测档案等宜为20年,其他检测资料档案保管期限宜为5年。

(6)检测档案可以是纸质文件或电子文件。电子文件应与相应的纸质文件材料一并归档保存。

(7)保管期限到期的检测资料档案销毁应进行登记、造册后经技术负责人批准。销毁登记册保管期限不应少于5年。

第七节　建设工程质量检测管理办法

《建设工程质量检测管理办法》(中华人民共和国住房和城乡建设部令第57号)已经2022年9月20日第19次部务会议审议通过,自2023年3月1日起施行。

第一章　总　则

第一条　为了加强对建设工程质量检测的管理,根据《中华人民共和国建筑法》《建设工程质量管理条例》《建设工程抗震管理条例》等法律、行政法规,制定本办法。

第二条　从事建设工程质量检测相关活动及其监督管理,适用本办法。

本办法所称建设工程质量检测,是指在新建、扩建、改建房屋建筑和市政基础设施工程活动中,建设工程质量检测机构(以下简称检测机构)接受委托,依据国家有关法律、法规和标准,对建设工程涉及结构安全、主要使用功能的检测项目,进入施工现场的建筑材料、建筑构配件、设备,以及工程实体质量等进行的检测。

第三条　检测机构应当按照本办法取得建设工程质量检测机构资质(以下简称检测机构资质),并在资质许可的范围内从事建设工程质量检测活动。

未取得相应资质证书的,不得承担本办法规定的建设工程质量检测业务。

第四条　国务院住房和城乡建设主管部门负责全国建设工程质量检测活动的监督管理。

县级以上地方人民政府住房和城乡建设主管部门负责本行政区域内建设工程质量检测活动的监督管理,可以委托所属的建设工程质量监督机构具体实施。

第二章　检测机构资质管理

第五条　检测机构资质分为综合类资质、专项类资质。

检测机构资质标准和业务范围,由国务院住房和城乡建设主管部门制定。

第六条　申请检测机构资质的单位应当是具有独立法人资格的企业、事业单位,或者依法设立的合伙企业,并具备相应的人员、仪器设备、检测场所、质量保证体系等条件。

第七条　省、自治区、直辖市人民政府住房和城乡建设主管部门负责本行政区域内检测机构的资质许可。

第八条　申请检测机构资质应当向登记地所在省、自治区、直辖市人民政府住房和城乡建设主管部门提出,并提交下列材料:

(一)检测机构资质申请表;

(二)主要检测仪器、设备清单;

(三)检测场所不动产权属证书或者租赁合同;

(四)技术人员的职称证书;

(五)检测机构管理制度以及质量控制措施。

检测机构资质申请表由国务院住房和城乡建设主管部门制定格式。

第九条　资质许可机关受理申请后，应当进行材料审查和专家评审，在20个工作日内完成审查并作出书面决定。对符合资质标准的，自作出决定之日起10个工作日内颁发检测机构资质证书，并报国务院住房和城乡建设主管部门备案。专家评审时间不计算在资质许可期限内。

第十条　检测机构资质证书实行电子证照，由国务院住房和城乡建设主管部门制定格式。资质证书有效期为5年。

第十一条　申请综合类资质或者资质增项的检测机构，在申请之日起前一年内有本办法第三十条规定行为的，资质许可机关不予批准其申请。

取得资质的检测机构，按照本办法第三十五条应当整改但尚未完成整改的，对其综合类资质或者资质增项申请，资质许可机关不予批准。

第十二条　检测机构需要延续资质证书有效期的，应当在资质证书有效期届满30个工作日前向资质许可机关提出资质延续申请。

对符合资质标准且在资质证书有效期内无本办法第三十条规定行为的检测机构，经资质许可机关同意，有效期延续5年。

第十三条　检测机构在资质证书有效期内名称、地址、法定代表人等发生变更的，应当在办理营业执照或者法人证书变更手续后30个工作日内办理资质证书变更手续。资质许可机关应当在2个工作日内办理完毕。

检测机构检测场所、技术人员、仪器设备等事项发生变更影响其符合资质标准的，应当在变更后30个工作日内向资质许可机关提出资质重新核定申请，资质许可机关应当在20个工作日内完成审查，并作出书面决定。

第三章　检测活动管理

第十四条　从事建设工程质量检测活动，应当遵守相关法律、法规和标准，相关人员应当具备相应的建设工程质量检测知识和专业能力。

第十五条　检测机构与所检测建设工程相关的建设、施工、监理单位，以及建筑材料、建筑构配件和设备供应单位不得有隶属关系或者其他利害关系。

检测机构及其工作人员不得推荐或者监制建筑材料、建筑构配件和设备。

第十六条　委托方应当委托具有相应资质的检测机构开展建设工程质量检测业务。检测机构应当按照法律、法规和标准进行建设工程质量检测，并出具检测报告。

第十七条　建设单位应当在编制工程概预算时合理核算建设工程质量检测费用，单独列支并按照合同约定及时支付。

第十八条　建设单位委托检测机构开展建设工程质量检测活动的，建设单位或者监理单位应当对建设工程质量检测活动实施见证。见证人员应当制作见证记录，记录取样、制样、标识、封志、送检以及现场检测等情况，并签字确认。

第十九条　提供检测试样的单位和个人，应当对检测试样的符合性、真实性及代表性负责。检测试样应当具有清晰的、不易脱落的唯一性标识、封志。

建设单位委托检测机构开展建设工程质量检测活动的，施工人员应当在建设单位或者监理单位的见证人员监督下现场取样。

第二十条　现场检测或者检测试样送检时，应当由检测内容提供单位、送检单位等填写委托单。委托单应当由送检人员、见证人员等签字确认。

检测机构接收检测试样时，应当对试样状况、标识、封志等符合性进行检查，确认无误后方可进行检测。

第二十一条　检测报告经检测人员、审核人员、检测机构法定代表人或者其授权的签字人等签署，并加盖检测专用章后方可生效。

检测报告中应当包括检测项目代表数量（批次）、检测依据、检测场所地址、检测数据、检测结果、见证人员单位及姓名等相关信息。

非建设单位委托的检测机构出具的检测报告不得作为工程质量验收资料。

第二十二条　检测机构应当建立建设工程过程数据和结果数据、检测影像资料及检测报告记录与留存制度，对检测数据和检测报告的真实性、准确性负责。

第二十三条　任何单位和个人不得明示或者暗示检测机构出具虚假检测报告，不得篡改或者伪造检测报告。

第二十四条　检测机构在检测过程中发现建设、施工、监理单位存在违反有关法律法规规定和工程建设强制性标准等行为，以及检测项目涉及结构安全、主要使用功能检测结果不合格的，应当及时报告建设工程所在地县级以上地方人民政府住房和城乡建设主管部门。

第二十五条　检测结果利害关系人对检测结果存在争议的，可以委托共同认可的检测机构复检。

第二十六条　检测机构应当建立档案管理制度。检测合同、委托单、检测数据原始记录、检测报告按照年度统一编号，编号应当连续，不得随意抽撤、涂改。

检测机构应当单独建立检测结果不合格项目台账。

第二十七条　检测机构应当建立信息化管理系统，对检测业务受理、检测数据采集、检测信息上传、检测报告出具、检测档案管理等活动进行信息化管理，保证建设工程质量检测活动全过程可追溯。

第二十八条　检测机构应当保持人员、仪器设备、检测场所、质量保证体系等方面符合建设工程质量检测资质标准，加强检测人员培训，按照有关规定对仪器设备进行定期检定或者校准，确保检测技术能力持续满足所开展建设工程质量检测活动的要求。

第二十九条　检测机构跨省、自治区、直辖市承担检测业务的，应当向建设工程所在地的省、自治区、直辖市人民政府住房和城乡建设主管部门备案。

检测机构在承担检测业务所在地的人员、仪器设备、检测场所、质量保证体系等应当满足开展相应建设工程质量检测活动的要求。

第三十条　检测机构不得有下列行为：

（一）超出资质许可范围从事建设工程质量检测活动；

（二）转包或者违法分包建设工程质量检测业务；

（三）涂改、倒卖、出租、出借或者以其他形式非法转让资质证书；

（四）违反工程建设强制性标准进行检测；

（五）使用不能满足所开展建设工程质量检测活动要求的检测人员或者仪器设备；

(六)出具虚假的检测数据或者检测报告。

第三十一条　检测人员不得有下列行为:

(一)同时受聘于两家或者两家以上检测机构;

(二)违反工程建设强制性标准进行检测;

(三)出具虚假的检测数据;

(四)违反工程建设强制性标准进行结论判定或者出具虚假判定结论。

第三十二条　县级以上地方人民政府住房和城乡建设主管部门应当加强对建设工程质量检测活动的监督管理,建立建设工程质量检测监管信息系统,提高信息化监管水平。

第三十三条　县级以上人民政府住房和城乡建设主管部门应当对检测机构实行动态监管,通过“双随机、一公开”等方式开展监督检查。

实施监督检查时,有权采取下列措施:

(一)进入建设工程施工现场或者检测机构的工作场地进行检查、抽测;

(二)向检测机构、委托方、相关单位和人员询问、调查有关情况;

(三)对检测人员的建设工程质量检测知识和专业能力进行检查;

(四)查阅、复制有关检测数据、影像资料、报告、合同以及其他相关资料;

(五)组织实施能力验证或者比对试验;

(六)法律、法规规定的其他措施。

第三十四条　县级以上地方人民政府住房和城乡建设主管部门应当加强建设工程质量监督抽测。建设工程质量监督抽测可以通过政府购买服务的方式实施。

第三十五条　检测机构取得检测机构资质后,不再符合相应资质标准的,资质许可机关应当责令其限期整改并向社会公开。检测机构完成整改后,应当向资质许可机关提出资质重新核定申请。重新核定符合资质标准前出具的检测报告不得作为工程质量验收资料。

第三十六条　县级以上地方人民政府住房和城乡建设主管部门对检测机构实施行政处罚的,应当自行政处罚决定书送达之日起20个工作日内告知检测机构的资质许可机关和违法行为发生地省、自治区、直辖市人民政府住房和城乡建设主管部门。

第三十七条　县级以上地方人民政府住房和城乡建设主管部门应当依法将建设工程质量检测活动相关单位和人员受到的行政处罚等信息予以公开,建立信用管理制度,实行守信激励和失信惩戒。

第三十八条　对建设工程质量检测活动中的违法违规行为,任何单位和个人有权向建设工程所在地县级以上人民政府住房和城乡建设主管部门投诉、举报。

第五章　法律责任

第三十九条　违反本办法规定,未取得相应资质、资质证书已过有效期或者超出资质许可范围从事建设工程质量检测活动的,其检测报告无效,由县级以上地方人民政府住房和城乡建设主管部门处5万元以上10万元以下罚款;造成危害后果的,处10万元以上20万元以下罚款;构成犯罪的,依法追究刑事责任。

第四十条　检测机构隐瞒有关情况或者提供虚假材料申请资质,资质许可机关不予受理或者不予行政许可,并给予警告;检测机构1年内不得再次申请资质。

第四十一条 以欺骗、贿赂等不正当手段取得资质证书的,由资质许可机关予以撤销;由县级以上地方人民政府住房和城乡建设主管部门给予警告或者通报批评,并处5万元以上10万元以下罚款;检测机构3年内不得再次申请资质;构成犯罪的,依法追究刑事责任。

第四十二条 检测机构未按照本办法第十三条第一款规定办理检测机构资质证书变更手续的,由县级以上地方人民政府住房和城乡建设主管部门责令限期办理;逾期未办理的,处5 000元以上1万元以下罚款。

检测机构未按照本办法第十三条第二款规定向资质许可机关提出资质重新核定申请的,由县级以上地方人民政府住房和城乡建设主管部门责令限期改正;逾期未改正的,处1万元以上3万元以下罚款。

第四十三条 检测机构违反本办法第二十二条、第三十条第六项规定的,由县级以上地方人民政府住房和城乡建设主管部门责令改正,处5万元以上10万元以下罚款;造成危害后果的,处10万元以上20万元以下罚款;构成犯罪的,依法追究刑事责任。

检测机构在建设工程抗震活动中有前款行为的,依照《建设工程抗震管理条例》有关规定给予处罚。

第四十四条 检测机构违反本办法规定,有第三十条第二项至第五项行为之一的,由县级以上地方人民政府住房和城乡建设主管部门责令改正,处5万元以上10万元以下罚款;造成危害后果的,处10万元以上20万元以下罚款;构成犯罪的,依法追究刑事责任。

检测人员违反本办法规定,有第三十一条行为之一的,由县级以上地方人民政府住房和城乡建设主管部门责令改正,处3万元以下罚款。

第四十五条 检测机构违反本办法规定,有下列行为之一的,由县级以上地方人民政府住房和城乡建设主管部门责令改正,处1万元以上5万元以下罚款:

(一)与所检测建设工程相关的建设、施工、监理单位,以及建筑材料、建筑构配件和设备供应单位有隶属关系或者其他利害关系的;

(二)推荐或者监制建筑材料、建筑构配件和设备的;

(三)未按照规定在检测报告上签字盖章的;

(四)未及时报告发现的违反有关法律法规规定和工程建设强制性标准等行为的;

(五)未及时报告涉及结构安全、主要使用功能的不合格检测结果的;

(六)未按照规定进行档案和台账管理的;

(七)未建立并使用信息化管理系统对检测活动进行管理的;

(八)不满足跨省、自治区、直辖市承担检测业务的要求开展相应建设工程质量检测活动的;

(九)接受监督检查时不如实提供有关资料、不按照要求参加能力验证和比对试验,或者拒绝、阻碍监督检查的。

第四十六条 检测机构违反本办法规定,有违法所得的,由县级以上地方人民政府住房和城乡建设主管部门依法予以没收。

第四十七条 违反本办法规定,建设、施工、监理等单位有下列行为之一的,由县级以上地方人民政府住房和城乡建设主管部门责令改正，处3万元以上10万元以下罚款；造成危害后果的，处10万元以上20万元以下罚款；构成犯罪的，依法追究刑事责任：

（一）委托未取得相应资质的检测机构进行检测的；

（二）未将建设工程质量检测费用列入工程概预算并单独列支的；

（三）未按照规定实施见证的；

（四）提供的检测试样不满足符合性、真实性、代表性要求的；

（五）明示或者暗示检测机构出具虚假检测报告的；

（六）篡改或者伪造检测报告的；

（七）取样、制样和送检试样不符合规定和工程建设强制性标准的。

第四十八条　依照本办法规定，给予单位罚款处罚的，对单位直接负责的主管人员和其他直接责任人员处3万元以下罚款。

第四十九条　县级以上地方人民政府住房和城乡建设主管部门工作人员在建设工程质量检测管理工作中，有下列情形之一的，依法给予处分；构成犯罪的，依法追究刑事责任：

（一）对不符合法定条件的申请人颁发资质证书的；

（二）对符合法定条件的申请人不予颁发资质证书的；

（三）对符合法定条件的申请人未在法定期限内颁发资质证书的；

（四）利用职务上的便利，索取、收受他人财物或者谋取其他利益的；

（五）不依法履行监督职责或者监督不力，造成严重后果的。

第六章　附　则

第五十条　本办法自2023年3月1日起施行。2005年9月28日原建设部公布的《建设工程质量检测管理办法》（建设部令第141号）同时废止。

第九章　建筑工程质量监督

第一节　建筑工程质量监督工作的机构

一、建筑工程质量监督机构

建筑工程质量监督机构是受县级以上建设行政主管部门委托，依据有关法律法规和工程建设强制性标准，对工程实体质量及工程建设、勘察、设计、施工、监理单位和质量检测等单位的工程质量行为实施监督的组织。作为受委托组织，建筑工程质量监督机构必须在委托的职权范围内，以建设行政主管部门的名义，行使行政职权，履行行政职责。

二、建筑工程质量监督机构现存的问题

（一）职能定位不清晰

第一，工程质监机构按照委托书所示，主要承担工程质量监管，对未涉及工程质量方面的监管无权限，但是在现实过程中，由于监管在建工程的便利性，很多非质量监管问题也落实到工程质量监督机构，这就在权责上出现了混乱。第二，施工企业中的挂名、造假等现象普遍存在，这些问题隐蔽性高，监管难度大，调查取证困难，且部门间良性互动不足，但任由此类现象滋生蔓延，则将使法律变成一纸空文，从而大幅度提升了工程质量的不确定性。第三，质监工作人员专业素养较强，但综合管理效能较弱。质监机构设立之初，是为了减少当时因施工人员专业技能过低而导致的房屋质量事故，从而提高房屋建造质量。而时至今日，施工企业的队伍逐渐壮大，专业技术力量也不断增强，当初质监机构的技术指导监督作用也已经转移到了具备一定资质和能力的监理单位上，但显然，现有的方式很难促使施工企业自觉确保施工质量，也很难赋予监理单位有效监管指导权能。过于“微观”的监管方式，使得工程质量监督机构并没有从原先的技术指导中解脱出来，反而让监理单位成为一种空置，让施工单位形成了依赖心理。

（二）各项制度不完善

第一，制度约束不完善。不可否认，质量监督人员责任大，“权力”也大，有权力就必然要接受监督和约束，那么怎样使他们在不受非法干涉的同时，权力又能受到制约呢，监督体制机制的建立和完善成为必然，这也是预防腐败和加强工程监管的迫切要求。第二，部分法律法规可操作性不强。如《建设工程质量管理条例》规定：不按照工程设计图纸或者施工技术标准施工的行为，责令改正，处工程合同价款 2%以上 4%以下罚款，此条款所涉及出具的质量整改通知单大部分都要进行处罚，这在现实过程中难以操作。第三，部分法律已不适用现实情况。如《中华人民共和国建筑法》中所表述的关于监督检查和竣工验收的内容还停留在核验制阶段，已不适应备案制监管模式的需要。

(三)监管模式不能适应实际需要

随着社会的不断发展,建设规模快速增长,使原本人员不足的工程质量监督机构面临更加繁重的任务。一方面,例如从 2014 年开始,某市监督站推行了视频监控系统,从一定程度上创新了监管方式,但具体操作仍然处于探索阶段,特别是摄像头的维护保养上还存在问题,由于维护经费不足,被迫停止使用。另一方面,监管职能与上位法不符,2020 年某市监督站监督职权收回到住建局,监督站更名为质量技术服务站,因此在有限的人力范围内,又无监督职能的情况下,确保管理到位、措施到位,最大限度地发挥工程各方责任主体的作用,转变工程质量监督机构工作模式便成为期待。

三、建筑工程质量监督机构现存问题的解决途径

(一)国家层面

1. 确立工程质量监督机构现实地位

在国家层面,其实最需要的就是确定工程质量监督机构的地位和职权,并对监管模式进行统一划定,这是工程质量监督机构开展工作的前提。在实际过程中,工程质量监督机构地位弱小,但责任重大,直接导致了工程质量监督机构有心无力。因此,整合相关职能,消除监管空白,明晰权责界限,建立起完整的监管链条就显得非常重要。

2. 全面梳理相关法律

根据职能确定,自上而下,梳理法律规范,再自下而上,提交问题反馈,及时调整不合时宜的法律法规,根据现实要求出台相关的行政处罚法解释,减少自由裁量空间,让法律与监管形成无缝对接,真正成为工程质量监管的指引者、评价者、预测者、教育者和强制者。同时,明确外部监督方式,让工程监管透明公开,从而减少内部操作可能性。

3. 谨慎对待新工艺和新技术

对于新工艺与新技术的推广需要进行试点问题排查,并通过长期的实践来指导、预防和解决质量通病。近年来,新工艺和新技术在未经过长期的实践被大面积推广,由此也引发了新一轮质量通病,质量投诉呈上升趋势。因此,对于新工艺和新技术需要谨慎处理。

(二)行业层面

1. 加强行业领域内自上而下垂直监督指导

目前,上级工程质量监督机构对下级工程质量监督机构的监督和指导不多,特别在归档资料的审查、业务职能的履行、监管方式的统一等方面介入较少,使得下级工程质量监督机构无章可循。因此,加强垂直监督指导,自上而下建立行业评价体系,厘清权能分配是当务之急。

2. 探索创新监管新法,制定行业监管细则和廉政守则

第一,探索创新监管新法需加强责任主体自身意识,特别是要加强施工企业责任意识。监理单位与施工企业之间,并不是担保与被担保的关系,由此施工企业应该成为主要责任主体,一切行为后果应由施工企业负主要责任,但若监理单位没有履行监理职责,那么也需有措施确保此类监理单位受到严厉的处罚,这样才能从本质上杜绝依赖和脱责。第二,工程质量监督机构作为政府监管者,需在程序、原材料检测、合理变更方案及其根据图纸审查、实体检测等方面明确。由于行业内工作大同小异,行业内制定细则就更有针对

性,并能使整体的监管手段多样化,不受限于单一的法律措施而弱化监管。第三,在行业内制定廉政守则,此举既可以强化监管行为,为规范监管提供行为范本,又可以在法律的边缘之上再设一条防线,防止工程质量监督人员轻易跨过法律红线,这也将是工程质量监管发展的必然。

3. 推广工程保险制度

建设工程市场化到一定程度之后,必然需要工程保险的保驾护航,这在工程安全监管方面,已经得到了普遍的认同和应用,但在质量监管方面,似乎还没有大面积地推广实行。一方面,施工企业认为经过质量监督站的认可自己就可以脱责,而一味依赖;另一方面,现实的成本增加也是不容忽视的重要因素。若是推行信用体制与工程保险费用相挂钩,则会使更多企业望而却步。对于这一点,就需要整个行业进行推动和倡导。

(三)机构层面

1. 注重日常监管

目前,质量大检查、专项大检查、“双随机、一公开”检查频繁,检查过后问题依然存在,并不能从根本上解决工程质量问题。因此,应当把工作重心放到日常监管上,在日常管理上下功夫,才能从根本上提高工程质量。在具体的监管方式上可以根据实际情况细分监管种类,对于专业技术要求高的设置专业人员;也可以统筹划分,提高个人知识的全面性,针对性实施工程的质量监管。

2. 实行差异化管理

在现实过程中,很多地区已经实行了差异化管理,但差异化管理方式各有千秋。如明确重点监管项目,包括保障性住房、人流密集的大型公共建筑、学校、医院和重要基础设施等涉及重大民生事业的建设项目等,这也为机构的差异化管理指明了方向。但工程质量监督机构仍然需要对差异化管理制订具体的实施方案,如怎样实行差异化,差异化管理后的效果怎样,都需要进行后续的总结。

3. 进行问题反馈

在基层工作中,必然会遇到很多本级部门无法解决的问题,因此在建立行业内上下联动机制之后,下级工程质量监督机构应当及时向上级反馈监管中遇到的问题,共同探讨解决办法,推动监管模式的统一与提高。

4. 落实诚信体制

我国部分城市已经推广了诚信制度,应该说此举在一定程度上对施工企业起到了极大的约束作用。要不打折扣地进行落实,严格执法,并发挥社会监督作用,真正让诚信促使企业自我约束,从而进一步提高建筑业的整体水平。

第二节 建筑工程质量监督的工作方法

在建筑工程建设项目中,要将质量监督的作用充分发挥出来,以保证建筑工程项目稳定有序地开展。建筑工程中,监督管理是非常重要的工作内容,直接关乎建筑工程质量,也是确保建筑性能得以实现的重要手段。要保证建筑工程质量监督管理全面实施,就要采用科学有效的监督管理方法,发挥质量监督的作用,使得工程建设中所存在的各种问题有效解决,提高建筑工程质量,推进建筑业更好更快地发展。

一、建筑工程质量监督的重要作用

(一)建筑工程施工之前的质量监督管理

在建筑工程施工之前实施质量监督管理,目的是将质量监督管理在工程施工的每个环节中都体现出来。监督管理工作从建筑单位角度展开,建筑单位在进行工程设计工作、工程造价管理工作以及采购材料工作方面都要做好监督管理,确保各项施工准备工作就绪,为顺利展开施工创造良好的条件。在施工之前,要制订质量监督计划,包括监督管理的目标、内容、方法,强调监督管理工作的重点内容,以保证在施工的每个关键节点和关键部位都能实施有效监管,从而提高工程施工质量。从目前来看,多数地市施工之前的监管处于盲区,前期监管处于弱化,因而有必要加强监管。

(二)建筑工程施工过程中的质量监督管理

对于建筑工程施工质量监督,要强化实体监督和行为监督并行。在应用施工技术方面,要认识到施工技术水平直接关乎施工质量,也关乎建筑的使用功能是否得以体现。所以,在建筑工程施工的过程中对建筑施工每个环节的监督都要细化,施工操作符合规范,才能使得工程质量有所保证。在施工中要合理选择施工技术,做到技术与管理相结合,各项工作在严格的监督环境下展开。比如,建筑墙体施工的过程中,技术人员选择供给技术的时候要考虑到施工需求以及工程的具体情况,监督人员参与其中,主要发挥引导作用,确保合理使用施工技术。监督人员要重点检查影响结构安全和使用功能的材料的各项指标,包括性能、规格以及构件和配件等,只有材料的各项指标满足施工需求,才能保证工程质量的合格。

(三)建筑工程施工之后的质量监督管理

完成建筑工程施工后也要实施监督管理,以抽查抽测的方式展开。在这项工作中要采用正确的检验方法,制订抽查抽测方案,以控制整体施工效果。监督工作要围绕质量监督计划展开,采用相应的检测手段,以保证工程质量。在实施检测工作中,所应用的检测技术很有可能在一定程度上影响建筑工程性能,就需要检测人员尽量采用无损检测技术,采用其他检测技术则要尽量减少对建筑物所造成的不良影响。比如,在对建筑工程施工材料监管的时候,比较常用的是形式检测,针对构件材料以及建筑节能系统等实施数据统计,基于数据分析的结果就可以掌握施工材料的质量。如果统计结果不合格,该批建筑材料就存在质量问题,就要追查其原因,采取必要的弥补措施,以保证施工的质量。

二、现阶段我国建设工程质量监督工作存在的问题分析

我国建设工程质量监督工作存在的问题具有一定的系统性和复杂性,具体如下。

(一)执法不严

通过对建筑工程安全事故的追踪与调查可发现,许多建筑工程施工项目在规划早期或建设早期就存在显著的程序违规问题。

在建筑工程建设初期阶段,施工单位行为不规范,违法开工、未批先建、违法分包等不符合要求等问题普遍存在,施工过程中相关负责部门及监督机构介入监督较晚,使得建筑

工程施工过程中存在许多违规问题，最终导致不能确保建筑工程质量。

（二）过程质量管理较弱

在建筑工程质量管理过程中，相关负责人员须到达施工现场，实施有效的建筑工程管理。但是在实际施工过程中可发现，主要管理人员和负责人员根本不在建筑工程施工现场，或从来没有到过建筑工程施工现场，因此相关工作人员的尽职履职行为也就无从谈起。例如，在一起建筑工程厂房倒塌事故中，在监督管理部门工作人员按照规定到达建筑工地施工现场进行首次交底工作时，建筑工程项目施工负责人并未到达建筑工程现场，但是交底工作仍然照常进行。

通过数据对比与分析可发现，在当前阶段建筑工程监督管理过程中，备案项目经理不在项目施工现场履职或持证的项目总监不在施工现场履职的情况十分普遍，但是在具体工作过程中，这一现象或行为被严肃处理者却较少，导致当前阶段监督机构执法不严的问题越来越突出，因此需要加以重视。住房和城乡建设部建质《关于印发〈建筑施工企业负责人及项目负责人施工现场带班暂行办法〉的通知》（〔2011〕111号），加强了对相关人员到岗履职情况的监管，真正做到人证合一，促进了工程质量的提高。

（三）监督机构未实施有效监管

建筑工程质量监督管理过程中，质量意识和管理会对相关建筑工程质量产生显著的影响，也关系到建筑工程整体建设质量和最终成果的实施。但是，当前许多施工企业只看到了眼前的发展利益，却忽视了企业长远生存的利益。

在建筑工程整体运行和建设过程中，存在着质量管理不严格的问题，同时还存在着片面追求建筑工程建设经济利益，而忽视了我国相关建筑法律法规技术标准等问题。这种观念和行为严重影响建筑工程最终建设质量，也使得相关监督管理机构工作难度加大。当前阶段，我国监督和管理机构在实施建筑工程管理过程中存在欠缺现象，监督部门实行抽查抽测，未抽到部分只能由监理和施工企业规范施工来保证工程质量。

三、解决现阶段我国建设工程质量监督工作现有问题及措施分析

解决我国建设工程质量监督工作现有问题的措施具有一定的系统性和复杂性，可从以下方面展开分析和探索。

（一）完善法规与制度

当前阶段，我国建筑工程质量监督管理水平的提升，迫切需要相关法律法规的完善和发展。

首先，对于现有法律法规中不适应建筑工程质量监督管理发展的部分，需进行及时的修改和完善，使得现有法律可适应新时期我国建筑工程质量管理的新要求。

其次，对于当前阶段建筑工程质量监督的空白区域，相关部门需加大人力和财力投入，不断完善相关法律法规，通过出台政策、完善法律的方式，使当前阶段我国建筑工程质量监督工作有法可依。

最后，对于相关企业组织的注册人员，法律法规需注重强化和保障注册人员的独立性地位，使注册人员对建筑工程整体施工质量承担起责任，同时相关监督和管理机构还需在监督执法工作过程中，严肃查处注册人员违法违规问题。

（二）提升监督机构地位

随着我国法律法规及相关制度的不断完善，当前阶段我国政府问责制度已经建立，责任追究的力度也在不断加大。因此，当前阶段我国建筑工程监督管理过程中的工程质量安全监督责任制度已成为社会关注的重点问题。

监督机构对于建筑工程质量管理需承担相应责任，要想做好相关工作就需要一支优秀的监督管理队伍。当前阶段，加强我国建筑工程质量管理需要监督管理队伍发挥重要作用，适应当前阶段我国经济社会发展的需要，不断提升自身机构执法能力，在监督管理工作的基础上做好本职工作，将监督管理队伍的能力发挥出来，将监管责任落到实处，有效促使当前阶段我国建筑工程质量得到保证，促进社会平稳健康发展。

（三）严格监督执法

要想有效提升当前阶段我国建筑工程质量监督水平，就要做到严格执法，做到工程质量监督管理执法必严和违法必究。

当前阶段，我国不断完善的法律法规和部门规章制度已经明确了建筑工程质量管理的相关标准。因此，在实施具体工作流程过程中，专业工作人员需保证建筑工程质量监督执法工作的严肃性。

对于建筑工程建设过程中的违法违规现象，监督工作人员须根据相关标准和要求，及时给予相应的处罚。

当前阶段，我国已有的规章制度和法律法规要求是我国监督机构和监督执法人员依法开展建筑工程质量监督工作的主要依据，同时也是确保建筑工程质量监督管理工作的有力武器。

因此，在对违法违规建筑工程进行查处的过程中，工作人员需依据法律法规和相关标准，给予责任人震慑，为后续建筑工程建设质量提供保障。

（四）做好岗位培训

加强建筑工程质量监督管理水平需从最基本的工作抓起，因此在建筑工程质量管理工作开展过程中，一方面，需要不断提升建筑企业各个责任主体单位或相关责任人的安全意识和施工质量意识；另一方面，在建筑工程施工监督工作运行过程中，还需注重提升组织部门内部监督管理工作人员的专业素质和水平。

为此，相关部门需开展定期与不定期培训相结合的方式，不断提升组织或部门内部质量监督与管理工作人员的专业素质和综合水平。通过培训的方式，可将先进的质量监督管理方法传递到工作人员手中，不断提升其执法能力。

同时，相关部门或机构还可通过外部招聘的方式引进专业化人才，不断提升工程质量监督管理整体水平，促使内部整体工作能力的提升，使建筑工程质量监督管理工作得以有效开展。

（五）简化管理程序

在建筑工程质量管理过程中，相关质量监督管理部门需帮助和督促各个企业组织负责单位或负责人更好地了解建筑工程质量管理的程序，进一步严格规范办理相关手续和报批手续，使当前阶段建筑工程质量与管理可从源头上得到改善。通过调研与分析大量数据可发现，当前阶段建筑工程质量监督管理过程中还存在一些程序繁杂等问题，因此对于现阶段报批手续较多、较为烦琐的现象,需由相关部门带头,简化程序。

当前阶段,建筑工程质量监督与管理并不是从建筑工程施工起才开始的,而是一个建筑工程施工管理监督的全过程。因此,在项目初始阶段做好项目源头工作,加强建筑工程质量宣传工作,提升施工单位质量意识,使当前阶段建筑工程监督管理工作得以更好展开。

四、建筑工程结构质量监督具体工作方法

随着社会的发展,建筑工程结构质量的监督方法必须与建筑行业的发展形势、管理对象以及工作任务的变化相适应,就快速变化的社会而言,一成不变的管理模式是没有生命力的。建筑工程作为与社会发展以及人民生活息息相关的生产活动,必须要保证其生产质量,在建筑结构施工的过程中,坚持与时俱进的理念,不断开拓创新,同时要根据不同时期的施工特点,采用新的施工工艺和技术,体现新的特征。只有这样,才能从根本上解决质量问题,使建筑工程结构质量监督得到有效落实,确保建筑施工的质量,提高建筑工程的整体质量。

(一)消除工程结构施工中的质量通病

1. 混凝土构件裂缝

在建筑工程质量问题中,最为常见的问题是混凝土构件出现裂缝,造成混凝土构件出现裂缝的成因主要有以下几点:

(1)施工过程中随意变更配合比。有些工人为了施工方便,可能会私下加水,提高了混凝土的流动性,改变了水灰比,导致后期硬化出现不规则裂缝。

(2)混凝土在搅拌运输过程中,时间过长,导致水分快速蒸发。到了现场施工,混凝土强度达不到要求,就会出现裂缝。

(3)在施工过程中,施工速度比较快,浇筑比较频繁,流动性比较低,造成混凝土沉降不足。在后期的浇筑过程中,特别是在接缝处,最容易出现裂纹。

(4)由于养护不合理,后期不浇水,表面干得很快,混凝土一旦失水,就会急剧收缩。造成强度降低,后期就会出现开裂的问题。

(5)与环境有关。比如空气比较干燥,温度比较高,风很大。此时,水在混凝土表面的蒸发速度会加快,后期容易出现裂缝。特别是在夏季或冬季施工时,最容易出现温度裂缝。

2. 施工材料质量低劣

建筑工程的重要组成部分之一就是施工材料,如果施工材料质量达不到标准规定的要求,就会导致建筑工程的整体质量发生问题。建筑工程施工材料质量不合格的原因主要有两方面,一是在进行建筑施工材料的选择时,着重强调成本的最小化,使得建筑施工的过程中出现偷工减料的现象,从而引发质量问题;二是在建筑图纸设计的时候,针对一些材料的技术指标没有进行明确的标注,从而造成施工过程中所使用的材料达不到设计的标准要求。

3. 结构渗水

建筑工程最易发生的质量问题就是渗漏,其位置多为山墙、檐口以及变形缝处,造成

这些部位发生渗漏的原因较多,大多数情况下都是施工人员在施工的过程中没有按照规范要求进行施工,在细节的处理上不够仔细,防水材料质量较低劣以及温度变化而引起的防水层破坏等,以上这些因素都会导致渗漏发生,从而对建筑工程的质量构成极大威胁。

4. 通风孔道堵塞

在建筑工程施工的过程中,由于施工过程没有严格按照设计要求进行施工,或者在砌筑时存在质量方面的问题,施工中的杂物落入到通风孔等,从而引发通风孔道堵塞,影响其正常性能的发挥。

(二)抓难点、管重点,提高工程结构质量监督效率

1. 加强对施工原材料的控制

1)加强对钢筋原材料的控制

钢筋是工程建筑的重要建材,对结构工程的质量有重要影响,对钢筋原材料进行质量监管就是控制钢筋材质。为有效防止不合格钢筋流入施工现场,要定期进行专项检查,对不合格的钢筋做好标记,并且要加强场外加工钢筋的专项治理活动,从而保证钢筋质量的提升。此外,还可以利用先进的网络信息技术,实行自动采集和数据传输,对钢筋材料进行远程管理,保证钢筋规范生产。

2)加强对混凝土原材料的控制

随着社会的发展,大规模的建筑工程不断兴起,但是由于我国地域存在较大的差异性,大部分的沿海地区的河砂都相对匮乏,无法满足建筑施工的大量需求,这就导致海砂成为最普遍的替代品。海砂由于其特殊性,氯离子含量较高,且氯离子与钢筋混凝土中的钢筋会发生化学反应,从而使得钢筋表面被腐蚀,影响了钢筋的耐久性,对于建筑结构有很大的影响。因此,针对此问题,要加大监督力度,对施工现场的砂石进行严格的检验,保证氯离子的含量不超标。

2. 加强对地基基础、主体结构验收的监督

(1)加强对建筑结构实体的检测。为有效确保建筑工程结构中的各分部工程的质量,就要对结构实体质量进行检测,在地基与基础、主体工程验收前,对混凝土质量进行实体检测,从而有效保证混凝土结构的施工质量。

(2)进行分户验收。建筑工程与人民群众生活息息相关,工程质量的好坏牵涉千家万户,按照国家相关的验收标准,对住宅工程进行分户验收,从而保证住宅的层高、垂直度以及平整度等各项指标符合相关要求。如果发现不合格的问题,要及时责令整改。

3. 推广应用新技术

随着社会经济与科技的快速发展,人们对生活环境的质量要求在不断提升,同时新的建筑技术也在不断地被开发和利用,各种新型的建设、施工以及监理技术在不断升级,鉴于此,有必要进行技术推广,提高建筑工程结构施工的质量。

4. 加强各方面的联合监管

第一,加强施工单位的自检力度,施工单位作为建筑施工的执行主体,是质量保证的重要组成部分,因此针对没有切实履行相关规范要求的施工单位,要加大对其进行处罚的力度。同时,针对检查中出现的一些违法行为,要严格按照有关执法部门的标准予以严惩,并对其失信行为在网络上予以公布。

第二，在施工之前，加强对施工图纸的审查，如果图纸设计不符合现场施工的要求，必须及时进行调整变更，同时在施工的过程中，更要注重对设计图纸的核查，不符合设计图纸的工程必须责令停工整改。

总之，随着我国城市化进程的不断加快，建筑工程项目数量增多，而且呈现出规模化发展趋势。当前人们不仅关注建筑工程的使用功能，更加注重建筑质量，所以做好监督管理工作是非常必要的。在建筑管理中，将科学合理的监督机制建立起来并落实到具体工作中，使得质量监督更好地发挥作用。对于监督的方式要明确，抓住监督重点，减少出现建筑质量问题概率，提高人们对建筑工程的满意度，对建筑行业的可持续发展起到应有的促进作用。

第三节　建筑工程质量安全监督工作要点

在全面贯彻落实的二十大精神的开局之年，质量安全工作的总体思路是：认真贯彻住房和城乡建设部建设工作会议精神，全面落实工作部署，认真落实《工程质量安全手册》，扎实推进工程质量安全标准化建设，深入开展工程质量安全治理行动，突出做好房屋建筑和市政基础设施工程质量安全技术保障与服务指导工作，圆满完成各项工作目标任务。

一、确保建筑施工生产安全

（1）持续深化双重预防体系建设。修改完善建筑施工双重预防体系建设有关制度标准，继续深化“双重预防体系”现场实操式培训、“双重预防体系”建设评估等。

（2）深化房屋市政工程安全生产治理行动。围绕治理行动七大任务，精准消除事故隐患、健全安全责任体系、全面提升监管效能、严厉打击违法违规行为，总结推广典型做法，完善政策措施，健全长效机制，做好房屋市政工程安全生产治理行动巩固提升工作。

（3）进一步加强危大工程管理。组织宣贯落实住房和城乡建设部《房屋市政工程生产安全重大事故隐患判定标准》《河南省房屋建筑和市政基础设施工程危险性较大的分部分项工程安全管理实施细则》等。针对高坠事故多发，开展防高坠专项治理。以深基坑、有限空间、起重设备等为重点开展专项治理行动。

（4）认真做好建筑起重设备施工安全技术指导和服务。施工企业结合安全生产情况及能力提升，做好全钢附着式升降脚手架标准讲解、宣贯和现场日常安全管理。适时开展起重设备安全管理工作调研、起重设备检测单位普查和建筑施工特种作业人员工作能力抽查、评估。

二、提升建设工程质量水平

（1）建立建设工程质量风险分级管控机制。研究制定房屋建筑和市政基础设施工程质量风险分级管控技术指南，进一步明确和规范工程质量风险分级管控技术要点，着力防范化解质量风险隐患。狠抓房屋质量常见问题治理，结合实际和群众反映的突出问题，治理住宅工程质量通病。

（2）推进工程质量评价体系试点工作。积极推进房屋建筑工程质量管理标准化评价工作,督促指导工程质量评价体系试点工作的开展,加快工程质量评价体系试点工作。

(3)做好工程质量监督机构和人员考核管理。做好工程质量监督机构及监督人员考核工作,与质监机构两年能力提升行动结合谋划,持续加强质量监督队伍建设。

(4)加强工程质量投诉管理。完善《建设工程质量投诉管理办法》,做好工程质量投诉管理事务性工作。

(5)夯实工程质量主体责任。进一步强化建设单位工程质量首要责任,不断规范工程监理单位建设工程质量安全管理行为,研究制定建设工程施工质量安全监理报告制度、实施细则、指导手册等文件。

三、推广应用建筑施工“四新”技术

积极推广建筑业10项新技术(2022版)内容要求,继续开展年度“四新”技术成果征集、认定和推广应用等工作。

四、开展建设工程质量检测和预拌混凝土质量行为专项治理和质量动态评价

(1)每年开展一次检测机构能力对比活动。

(2)完善检测机构和预拌混凝土生产企业质保体系动态评价体系,适时开展试点工作。

五、做好技术指导和服务

(1)组织开展行业教育培训。继续组织“工程质量安全大讲堂”,重点围绕习近平总书记关于安全生产重要论述、工程质量标准规范、绿色智能建造、装配式建筑等开展培训学习,提升行业系统从业人员理论水平和业务能力。

(2)认真做好“安全生产月”“质量月”等专项活动,指导各地和施工企业集中开展“质量宣传日”“安全宣传咨询日”等活动。

六、不断加强标准化建设

(1)不断完善标准体系。认真实施工程标准提质工程,组织完成年度计划地方标准立项、起草等工作。筹备成立建筑质量安全技术标准化委员会。

(2)加强工程标准宣贯落实。结合施工现场监督管理,加大对工程质量安全技术标准的宣传贯彻力度,推进各地市、企业贯彻落实。

(3)继续做好年度“中州杯”项目培育、申报、评选等工作,地市企业做好标准化示范项目的培育和上报工作,做好年度建筑工程质量、安全文明标准化示范工地认定,适时召开现场观摩会。

七、持续提升信息化建设水平

加强监管平台使用管理。根据使用情况逐步完善质量模块功能,做好信息统计,及时采集、公布执法信用信息,丰富信息化监管手段,提高工程质量监管信息化水平。

八、完成其他工作任务

参与做好“双随机、一公开”督导检查、自建房安全专项整治、重点民生工程质量安全技术指导和服务、质量安全年度考核等工作任务。

九、全面加强党的建设

(1)深入学习领会党的二十大精神。把学习贯彻党的二十大精神作为首要政治任务,落实“第一议题”制度,抓好政治理论学习,确保党的创新理论入脑入心,不断提高党员干部理论水平和政治素养。

(2)开展学习贯彻习近平新时代中国特色社会主义思想主题教育活动。结合“四学”活动,利用好“学习强国”、干部网络教育平台等载体,扎实开展习近平新时代中国特色社会主义思想学习教育。

(3)大力加强模范机关建设。锚定高标准建设“五星级党支部”,认真落实“三会一课”制度、领导干部带头讲党课制度、主题党日活动等,与企业开展党建联建活动,推动党建工作与业务工作深度融合。

(4)持续加强党风廉政建设。认真落实管党治党责任,狠抓单位正风肃纪。落实好“第一种形态”监督执纪,开展经常性谈心谈话,规范办公微信、邮箱等使用管理,坚决守牢意识形态阵地。

(5)积极开展精神文明创建工作。结合文明单位创建最新政策,积极开展文明单位单独创建准备工作,高标准完成创建各项工作计划,不断提升干部职工文明素养。

第四节　建筑工程质量监督主要职责

(1)认真贯彻执行国家、本地区有关工程质量管理的法律、法规、工程建设强制性标准和有关规定,严格遵守监督的各项规章制度,积极做好质量监督工作。对其监督工程项目的质量负监督责任,对监督业务的工作质量负责。

(2)认真审阅、熟悉监督项目的施工图设计文件及有关资料,掌握受监项目的监督难点和重点,提出质量监督工作要点;结合监督工程的性质、技术特点和设计要求等,制订有关细则、措施、规定等编制监督项目的质量监督计划;在施工前,向建设、监理、施工单位进行监督交底,并按照监督计划实施监督管理工作。

(3)审查受监项目的组织设计、施工合同、施工许可证等技术文件的内容和审批手续的合法性是否符合相应管理法规要求。

(4)经常深入施工现场,检查监理、施工企业在施工现场建立的质量保证体系是否健全和有效,质量保证措施是否有效。监督、检查参建单位的内部质量检查验收制度(如材料与构配件的进场检查和复验制度、隐蔽工程检查验收制度等)是否落实。检查施工企业是否严格按技术标准、施工及验收规范、设计文件要求组织施工,生产工人是否严格按操作规程进行具体操作。抽查工地所使用的原材料、半成品、成品的质量特性是否完全满足有关设计文件、技术标准、施工及验收规范的要求。对地基基础、主体结构等部位实施重点监督。

对隐蔽工程进行监督抽查。督促、检查施工单位按照“齐全、完整、准确、及时”原则，收集整编质量保证资料。

(5)负责对分管项目实施监督抽查，发现严重工程质量问题，应督促责任方迅速消除质量隐患，并及时向领导汇报。监督检查工程竣工验收的组织形式、验收程序以及在验收过程中的有关资料和形成的质量评定文件是否符合有关规定，实体质量是否存在严重缺陷，工程质量是否符合有关的质量验收标准。

(6)接受施工单位提交的“施工质量事故报告”，参加受监督项目质量事故的调查取证和分析处理工作。

(7)认真填写监督记录，及时报告在建工程质量情况，参与起草受监督项目的工程质量监督报告，完成监督的项目应将质监员资料分工程整理归档，存档案室。

(8)自觉参加政治、业务学习，不断提高自己的思想、业务素质，按时提交业务考核总结。

第五节 建设工程质量监督管理实施办法

一、工程质量监督管理

工程质量监督管理包括下列内容：

(1)抽查工程质量责任主体和质量检测等单位执行有关建设工程法律、法规和工程建设强制性标准的情况；

(2)抽查、抽测涉及工程主体结构安全和主要使用功能的工程实体质量；

(3)抽查工程质量责任主体和质量检测等单位的质量行为；

(4)抽查、抽测涉及工程主体结构安全和主要使用功能的主要建筑材料、建筑构配件的质量；

(5)抽查重要分部(子分部)的工程质量验收情况；

(6)对工程竣工验收进行监督；

(7)依法对违法违规行为进行纠正和处罚；

(8)接受并按规定处理工程质量方面的举报和投诉，组织或参与对工程质量事故的调查处理；

(9)定期对本地区工程质量状况进行统计分析并公示；

(10)对涉及工程质量的参建各方责任主体的岗位人员履职尽责情况进行抽查。

二、实施监督应依照的程序

对工程实施监督应当依照下列程序进行：

(1)受理建设单位办理监督手续。在受理建设单位质量监督手续时重点查验以下资料：

①工程质量监督申报表；

②施工图设计文件审查合格书；

③施工、监理单位中标通知书和合同；

④建设、施工、监理单位项目管理机构人员组成名单；

⑤其他文件。

(2)组成监督组。监督组应根据工程的规模、复杂程度、使用功能等因素配备3名或3名以上的监督人员(至少1名安装专业监督人员)，对于市政园林绿化等工程项目需配备相应专业的监督人员。

(3)制订监督计划。①监督组根据工程类别、技术难度及工程质量责任主体质量管理能力等，遵循差别化监督管理原则，制订质量监督计划，经监督机构主要负责人审定后组织实施。②监督计划内容应明确监督依据、监督方式。主要包括对工程质量责任主体和质量检测等单位质量行为的抽查内容；对工程实体质量的抽查、抽测内容；对主要建筑材料、建筑构配件的抽查、抽测内容；对工程资料的抽(检)查内容，对重要分部(子分部)工程验收的抽查内容；对竣工验收的监督内容以及监督人员的姓名、专业、资格证号、联系方式等内容。③有关负责人应对监督计划的实施情况进行监督检查，确保监督计划得到有效实施。

(4)对工程质量责任主体和质量检测单位的质量行为进行监督。

对工程质量行为的监督遵循差别化管理原则，采取巡查和抽查相结合的方式，重点抽查以下内容，并形成工程质量行为监督记录。

①建设单位。

a. 施工图设计文件审查、施工许可手续情况；

b. 按规定委托情况；

c. 组织图纸会审、设计交底、设计变更情况；

d. 原设计有重大修改、变动、施工图设计文件重新报审情况；

e. 参与重要分部(子分部)工程验收情况；

f. 组织工程竣工验收情况；

g. 工程竣工验收后，在建筑物明显部位设置永久性标牌，载明建设、勘察、设计、施工、监理等工程质量责任主体的名称、项目负责人姓名、工程开竣工日期；

h. 其他应履行的质量责任和义务情况。

②勘察设计单位。

a. 勘察设计单位及人员的资格；

b. 参加图纸会审和技术交底、签发设计变更、技术洽商文件情况，解决施工过程中出现的勘察、设计等技术问题的情况；

c. 参加重要分部(子分部)工程质量验收和工程竣工验收、并出具工程质量检查报告情况；

d. 参加有关工程质量问题的处理情况；

e. 其他应履行的质量责任和义务情况。

③施工单位。

a. 施工单位项目经理部相关质量责任人的资格、人员配备及到岗履职情况，质保体系的建立和有效运行情况；

b.分包单位资质及对分包单位的管理情况；

c.施工组织设计及专项施工方案的编制及审批执行情况；

d.国家、地方有关标准、规范、规程及审查批准的施工图设计文件的执行情况；

e.工程质量的检验评定情况，包括对工程的检验批、分项、分部（子分部）工程质量进行检验评定情况，对地基基础、主体结构、建筑节能等重要分部（子分部）工程出具的质量自评报告情况；

f.对进场的建筑材料、构配件和设备的报验及见证取样的送检情况；

g.施工资料的真实、及时、准确、有效及按要求填写、收集、整理情况；

h.质量问题的整改及质量事故的处理情况；

i.其他应履行的质量责任和义务情况。

④监理单位。

a.监理单位资质、项目机构的人员资格、专业配备及到岗履职情况，质量保证体系的建立及有效运行情况；

b.监理规划及实施细则的编制审批及执行情况；

c.对进场的建筑材料、构配件、设备投入使用或安装前进行审查验收情况；

d.对重点部位、关键工序实施旁站监理情况；

e.见证取样的实施情况；

f.质量问题通知单签发及质量问题整改结果的复查情况；

g.组织检验批、分项、分部（子分部）工程验收。参与工程竣工验收。对地基基础、主体结构、建筑节能等重要分部（子分部）工程验收、出具相应监理评估报告情况；

h.监理资料的真实、及时、准确、有效及按要求填写、收集、整理情况；

i.其他应履行的质量责任和义务情况。

⑤质量检测单位。

a.检测单位的资质、计量认证及相关人员的资格，质保体系的建立及有效运行情况；

b.按核准的类别、业务范围承接任务情况；

c.检测内容和方法的规范情况；

d.检测报告形成的程序、数据及结论情况；

e.影响检测质量的违法行为情况；

f.其他应履行的质量责任和义务情况。

（4）对工程实体质量的抽查。

对工程实体质量监督应以巡查和随机抽查为主要方式，并辅以必要的工程检测手段，重点抽查以下内容并形成监督记录：

①随机抽查关键工序和部位作业面的施工质量。包括地基基础和主体结构质量、建筑节能质量和重要使用功能的质量。实体质量的检查辅以必要的监督检测，由监督人员根据结构部位的重要程度及施工现场质量情况进行随机抽测。

②抽查涉及结构安全和使用功能的主要建筑材料、建筑构配件和设备的出厂合格证、见证取样送检资料、复试报告及实体检测报告。

③突出抽查施工验收规范中强制性条文的实施情况。

(5)对重要分部(子分部)工程验收的抽查。

重点抽查组织形式、验收程序、验收人员的资格、是否具备验收条件、执行验收规范情况、验收结论等。

(6)对工程竣工验收监督。

对工程竣工验收进行监督,重点对验收的组织形式、程序、人员的资格、执行验收规范技术标准情况进行监督。包括以下内容:

①施工单位出具的工程竣工报告;

②勘察单位、设计单位出具的工程质量检查报告;

③监理单位出具的工程质量评估报告;

④验收组成人员及竣工验收方案;

⑤抽查施工资料;

⑥抽查实体质量及观感质量;

⑦执行验收规范情况;

⑧对工程竣工的验收形成记录;

⑨发现有以下情况时,监督人员应责令整改,并要求建设单位重新组织验收,同时载入监督报告:

a. 不具备竣工验收条件组织验收的;

b. 验收组织程序不合法、人员资格不符合要求、验收中未执行国家验收规范标准的、抽查的工程实体质量与验收记录及相关文件不相符的;

c. 住宅工程未按规定实施分户检查验收的;

d. 质量控制资料不齐全或涉及结构安全、使用功能的检测报告不全的;

e. 重要分部(子分部)工程没有验收或验收不合格的;

f. 工程建设各责任主体违法违规行为未处理完毕的。

(7)形成工程质量监督报告。

项目监督员应在工程验收合格后的5个工作日内向工程备案机关提交监督报告,报告由项目监督人员编写,机构负责人审查签字并加盖公章,一式两份,一份存档,另一份提交备案机关。主要包括以下内容:

①工程概况;

②各责任主体执行国家法律法规和工程建设强制性标准情况;

③参建各方责任主体质量行为监督抽查情况;

④涉及工程主体结构安全、主要使用功能的工程实体质量和主要原材料、建筑构配件的抽查情况;

⑤工程资料抽查情况;

⑥工程质量事故(问题)及各责任主体违规违章行为的整改处理情况;

⑦对工程竣工验收的监督意见。

(8)建立工程质量监督档案。

工程竣工验收合格后,由项目监督人员负责收集工程质量监督中所形成的具有保存价值的文字、图案、图片、声像等文件资料，形成工程质量监督档案（包括文本档案与电子档案）。工程质量监督档案经监督机构负责人审核、符合要求后向档案管理人员进行移交，其保管期限均为长期。

监督机构应配备专职档案工作人员统一管理本单位工程质量监督档案，并按照相关规定建立健全和实施档案管理制度。

工程质量监督档案主要包括以下内容：

①工程质量监督申请表；

②工程质量监督工作计划；

③工程质量监督交底记录；

④工程质量行为抽查记录；

⑤工程实体质量抽查记录；

⑥工程质量抽测记录；

⑦主要建筑材料、建筑构配件的抽查记录；

⑧工程资料抽查记录；

⑨重要分部（子分部）工程验收抽查记录；

⑩工程质量问题整改通知单；

⑪问题的整改回复单；

⑫工程局部停工（暂停）通知书；

⑬工程复工通知书；

⑭工程质量事故（问题）处理的有关资料；

⑮工程质量申请行政处罚报告；

⑯工程竣工验收报告；

⑰工程竣工验收监督记录；

⑱工程质量监督报告；

⑲需要保存的其他文件、资料、图案、图片、声像资料等。

(9)工程质量监督人员实施监督检查不得少于两人，并应出示证件。

三、实施监督检查应采取的措施

实施监督检查时，有权采取下列措施：

(1)要求被检查单位提供有关建设工程质量的文件和资料；

(2)进入被检查单位的施工现场进行检查，同时辅以必要的监督检测；

(3)发现违规违章行为及出现工程质量问题时，责令改正或局部停工；

(4)依法查处违反有关建设工程质量法律法规和规章的行为，对责任主体实施不良行为记录或建议行政处罚。

四、工程质量监督的信息化管理

应利用计算机和信息网络技术，对工程质量监督信息进行科学管理，主要包括以下内容：

（1）建立网站，配置服务器、计算机工作站、内部局域网、硬件防火墙、国际互联网接入设备等硬件设备，同时配置相应的操作系统及各种实用性软件资源。

（2）建立“建设工程质量监督管理信息系统”，该系统必须满足质量监督管理模式、监督档案、监督流程等业务工作需要，同时满足监督机构、人员的内部管理需要。

（3）“建设工程质量监督管理信息系统”应设立专职的技术管理人员。

（4）监督机构应根据建设主管部门及上级监督机构对信息工作的要求，确定信息传递周期，按规定时限向省建设工程质量监督总站报送电子报表。

（5）监督机构应及时将下列信息向社会公布：

①工作职责、工作流程、办事程序、监督动态、工程质量等相关法律法规；

②对在监督工作中所发现的参建各方责任主体的不良行为进行记录，按照相关规定、程序，通过网站向社会公布。

第六节　建筑工程质量监督检测

建筑工程质量监督检测是一项系统而复杂的工作，故作为质量监督人员，必须准确掌握建筑工程质量监督检测的内容，并采取有效的措施，在工程监督过程中适时开展检测工作，为监督提供准确的数据，发现问题及时整改，从而更好地保证工程质量。

一、监督检测内容分析

第一，从建筑工程施工所需的原材料、配件、构件以及施工设备方面分析监督检测内容，其监督检测的内容主要包含以下几个方面：一是承重结构钢筋和连接头试件；二是建筑结构砌筑所用的砖砌块；三是混凝土拌和所需的水泥、石子和砂；四是在屋面、厨卫和地下室中所用的防水涂料与卷材；五是节能施工中所需的各种节能保温材料，如增强网、保温隔热材料、玻璃幕墙和黏结剂等；六是钢结构施工中所使用的各种螺栓；七是其他施工所需的各种试件、试块和原材料等。

第二，从实体工程质量监督检测的内容来看，主要包含以下几个方面：一是钢筋保护层、现浇楼板的厚度以及承重墙结构的强度；二是工程结构的室内净高和净距等空间尺寸；三是钢结构施工中的安装缝及内部缺陷；四是钢筋混凝土内钢筋安装缝及内部缺陷；五是墙体节能构造、保温层和基层的黏结强度以及现场的拉拔试验；六是非墙体节能施工的外墙饰面砖的黏结强度的拉拔试验。

二、强化建筑工程质量监督检测的有效措施分析

一是在日常工作中强化监督检测制度的建设，严格按照有关建筑工程质量监督检测的法律法规对工程质量监督检测标准进行明确，并对其管理方式和实施细则进行细化，确保工程材料与结构实体的抽检费用得到合理的分配，对既定的抽检项目进行严格的落实，确定监督检测的数量和频率，尽可能地确保监督检测与工程实际进度相符。

二是切实加强质量监督检测团队的建设，尽可能地提升监督检测人员的综合素质水平，并切实加强监督检测人员、取样人员的专业技术培训，不断强化其责任与法治意识，从

而促进其业务能力的提升。因此,必须对监督检测行为进行不断的规范,整个监督检测过程必须在项目管理、监理工程师以及质量管理人员的见证下完成,但是见证人也应对检测委托单负责并签名,从而确保样品的真实性,整个监督检测过程严格按照程序进行,确保监督检测行为的严肃性。

三是准确定位,明确职责。在建筑工程质量监督检测过程中,由于委托单位是国家政府职能部门,所以往往是代表政府进行监督和检测,必须对监督检测工作进行科学的定位,并对监督检测人员的职责进行明确,从而更好地确保监督检测工作的科学性。与此同时,为了更好地确保职责得到履行,还应采取相应的奖惩制度,对质量监督检测工作的成效进行有效的规范,尤其是在工程质量监督检测过程中,对徇私舞弊的情况必须予以惩罚,才能更好地确保其职责得到高效实施。

四是在整个质量监督检测过程中,为了确保工作的专业性和权威性,应确保质量监督检测人员严格按照技术标准进行,并在实际监督检测过程中对技术保证体系进行不断的完善,将技术质量标准的完善作为开展监督检测工作的重点,在实际监测监督过程中,始终严格按照技术标准和检测内容,对每项技术指标及时进行监督和检测,从而确保监督检测工作成效的提升。而针对建筑工程质量问题较多的现状,还应在日常工作中加强与施工企业的合作,与之一道掌握工程质量问题的成因,并使其紧密结合工程需要对施工工艺技术标准、施工流程和施工质量控制标准等进行明确和细化,从而更好地对建筑工程质量管理进行规范和完善,为建筑工程质量监督检测奠定坚实的基础。此外,针对建筑工程质量监督检测汇总发现的质量问题,应及时督促施工企业解决,才能更好地促进建筑工程质量的提升。

五是在建筑工程质量监督检测过程中切实加强现代科学技术的应用,尤其是随着我国科学技术的不断发展,科技作为国家的第一生产力,是现代化社会发展的基础,工程质量监督检测单位也应该在现代化科技手段的支持下,着手运用现代化科学仪器为监督检测工作服务。在现代化信息技术支持下,同样应该加快发展工程质量监督系统的信息化建设,使质量监督检测工作高效、及时、准确地进行。

综上所述,建筑工程质量监督检测是一项系统而复杂的工作,所以为了强化建筑工程质量监督检测成效,必须对监督检测的内容进行有效的明确,并采取有效的措施,切实加强质量监督检测工作的开展,从而最大化地确保整个监督工作成效的提升。

参考文献

[1] 中华人民共和国住房和城乡建设部. 建筑地基基础工程施工质量验收规范:GB 50202—2018[S]. 北京:中国计划出版社,2018.

[2] 中华人民共和国住房和城乡建设部. 土方与爆破工程施工及验收规范:GB 50201—2012[S]. 北京:中国建筑工业出版社,2012.

[3] 中华人民共和国住房和城乡建设部. 混凝土结构工程施工质量验收规范:GB 50204—2015[S]. 北京:中国计划出版社,2015.

[4] 中华人民共和国住房和城乡建设部. 混凝土结构设计规范(2015 年版):GB 50010—2010[S]. 北京:中国计划出版社,2011.

[5] 中华人民共和国住房和城乡建设部. 砌体工程施工质量验收规范:GB 50203—2011[S]. 北京:中国计划出版社,2012.

[6] 中华人民共和国住房和城乡建设部. 建筑工程冬期施工规程:JGJT 104—2011[S]. 北京:中国计划出版社,2011.

[7] 中华人民共和国建设部. 住宅装饰装修工程施工规范:GB 50327—2001[S]. 北京:中国计划出版社,2012.

[8] 中华人民共和国住房和城乡建设部,国家质量监督检验检疫总局. 砌体工程现场检测技术标准:GB /T 50315—2011[S]. 北京:中国计划出版社,2012.

[9] 中华人民共和国住房和城乡建设部,国家质量监督检验检疫总局. 房屋建筑和市政基础设施工程质量检测技术管理规范:GB 50618—2011[S]. 北京:中国建筑工业出版社,2012.